国家中等职业教育改革发展示范学校建设计划项目教材

U0685169

家庭配电与安装

主编　刘文利　温文静

副主编　程国仙　钟锡汉　陈　挺

参编　张武军　李玉静　王志海　徐翠红　段盛开　陈令平

主审　冯为远

电子工业出版社

Publishing House of Electronics Industry

北京 · BEIJING

内 容 简 介

　　本书从家装电工的实际工作场景出发，通过具体的工作任务，由浅入深，图文并茂，详尽讲述了家装电工应掌握的基本知识、基本技能及工艺要求，包括家装电工常用工具和仪表使用、室内线路、配电装置、插座灯具的安装等知识和技能，并通过一个完整的家庭配电实例，讲述了家庭配电从设计、施工到验收的全过程。

　　本书可作为中等职业院校、技工院校电气类、电工类、机电一体化类、建筑设备安装类等专业的一体化教学教材，也可作为家装工人上岗或在职职工的技能培训用书。

图书在版编目（CIP）数据

家庭配电与安装 / 刘文利，温文静主编 . —北京：电子工业出版社，2013.8
国家中等职业教育改革发展示范学校建设计划项目教材
ISBN 978-7-121-21044-0

I . ①家…　　II . ①刘…　②温…　　III . ①房屋建筑设备－配电系统－中等专业学校－教材
②房屋建筑设备－电气设备－设备安装－中等专业学校－教材　　IV . ①TU85

中国版本图书馆 CIP 数据核字（2013）第 164949 号

策划编辑：张　凌
责任编辑：谭丽莎
印　　刷：北京虎彩文化传播有限公司
装　　订：北京虎彩文化传播有限公司
出版发行：电子工业出版社
　　　　　北京市海淀区万寿路 173 信箱　　邮编：100036
开　　本：787×980　　1/16　　印张：11　　字数：221.4 千字
版　　次：2013 年 8 月第 1 版
印　　次：2023 年 7 月第 8 次印刷
定　　价：29.00 元

凡所购买电子工业出版社图书有缺损问题，请向购买书店调换。若书店售缺，请与本社发行部联系，联系及邮购电话：（010）88254888，88258888。

质量投诉请发邮件至 zlts@phei.com.cn，盗版侵权举报请发邮件至 dbqq@phei.com.cn。

本书咨询联系方式：（010）88254583，zling@phei.com.cn。

编审委员会

序

  中等职业教育是我国教育体系的重要组成部分，是全面提高国民素质、增强民族产业发展实力、提升国家核心竞争力、构建和谐社会以及建设人力资源强国的基础性工程。

  广东省机械高级技工学校是国家级重点技工院校，是广东省人民政府主办、省人力资源和社会保障厅直属的事业单位，是首批国家中等职业院校改革发展示范项目建设院校，也是国家高技能人才培训基地、首批全国技工院校师资培训基地、第42届世界技能大赛模具制造项目全国集训基地、一体化教学改革试点学校。多年来，该校锐意进取、与时俱进，坚持深化改革、提高质量、办出特色，为国家培养了大批生产、服务和管理一线的高素质劳动者和技能型人才，为广东省经济发展和产业结构调整升级付出了巨大努力，为我国经济社会持续快速发展做出了重要贡献。

  为进一步发挥学校在中等职业教育改革发展中的引领、骨干和辐射作用，成为全国中等职业教育改革创新的示范、提高质量的示范和办出特色的示范，学校精心策划了"国家中等职业教育改革发展示范学校建设计划项目教材"。本系列教材以"基于工作过程的一体化教学"为特色，通过设计典型工作任务，创设实际工作场景，让学生扮演工作中的不同角色，在老师的引导下完成不同的工作任务，并进行适度的岗位训练，达到培养提高学生的综合职业能力、为学生的可持续发展奠定基础的目标。

  此外，本系列教材还体现了学校**"养习惯、重思维、教方法、厚基础"**的教育理念，不但使学习者能更深切地体会一体化课程理念和掌握一体化教学内容，还能为教育工作者、教育管理者提供不错的一体化教学参考。

前　　言

《家庭配电与安装》一书是根据"国家中等职业教育改革发展示范学校建设计划"的要求，根据作者多年来的教学、工程实践编写而成的一体化教学教材。

《家庭配电与安装》是中等职业学校、技工院校机电一体化类专业、电气工程类专业、建筑设备安装类专业的一门技能型基础课程。其主要任务是：使学生掌握电气安装技术和电工技术的基础知识和基本技能，具备分析和解决一般电工问题的能力，并具备初步的工程基础，为后续电类专业技能课程的学习打好基础。

本书秉承"做中学、做中教"的编写理念，积极探索理论和实践相结合的一体化教学模式，通过家庭配电与安装的具体工作任务，使电气线路安装技术和电工技术基本理论的学习、基本技能的训练与工程中的实际应用相结合。

本书采用任务驱动教学法，通过典型工作任务，创设实际工作场景，由学生扮演工程中的不同角色，让学生在"学中用"，在"用中学"，在老师主导下完成不同的工作任务，并进行适度的岗位训练，以充分培养学生的职业能力。在整个任务的实施过程中，坚持以学生为本，突出学生的主体地位，促使学生积极、主动地学习，重视培养学生的综合素质和职业能力，以适应电工技术快速发展带来的职业岗位变化，为学生的可持续发展奠定基础。

本书在编写时关注技术的新材料、新工艺、新设备、新方法，及时摒弃、剔除过时知识，通过各典型工作任务的适度拓展，使不同层次、不同类型的学生都能找到合适的主题，满足不同层次学生的需要，体现分层教学、因材施教的思想。

为方便教师的教学，本书配套编写了学生用工作页，有需要的读者可与电子工业出版社联系，到华信教育资源网（www.hxedu.com）上免费注册后下载。

由于编者水平有限，疏漏和不妥之处在所难免，敬请读者批评指正。

编者

2013 年 3 月

目　　录

项目 一 家庭照明常用灯具的安装

▶▶▶▶

任务一　一控一白炽灯照明电路的安装

任务描述

白炽灯在日常生活和生产中十分常见，其结构简单，使用可靠，价格低廉，应用较广，初学电工应首先掌握它的安装技巧，然后举一反三掌握其他灯具的安装。

本任务是用塑料线槽安装一控一白炽灯照明电路，其原理图如图 1.1 所示。

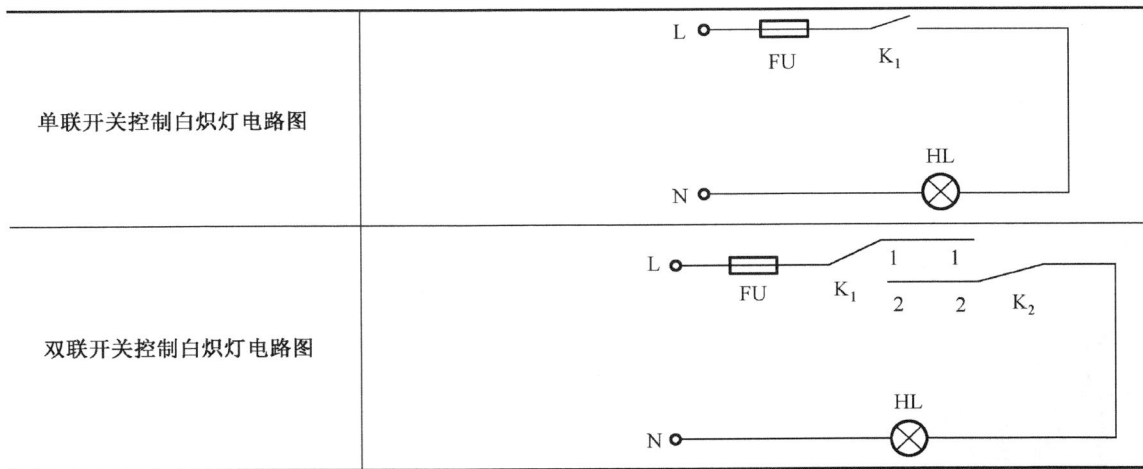

单联开关控制白炽灯电路图	L —○— FU — K₁ — N —○— HL ⊗ —
双联开关控制白炽灯电路图	L —○— FU — K₁ — 1 1 / 2 2 — K₂ — N —○— HL ⊗ —

图 1.1　一控一白炽灯照明电路的原理图

学习目标

（1）知道一控一照明线路的工作原理。
（2）正确安装白炽灯电路。
（3）能排除白炽灯电路的简单故障。
（4）能够进行线槽的画线、锯削及直线、转角的连接。

知识平台

一、白炽灯

1. 白炽灯的认识

白炽灯的组成如表 1.1 所示，它是根据电流的热效应制成的发光器件，是将灯丝通电加热到白炽状态，利用热辐射发出可见光的电光源。当温度到达 500℃时，它开始发出可见光，随着温度的增加，其灯光的颜色从红—橙—黄—白逐步变化。

表 1.1　白炽灯的组成

外 形 图	功 能
灯丝 玻壳 填充气体 灯头	白炽灯的主要部件为灯丝、玻壳、填充气体和灯头。灯丝是白炽灯的发光部件，由钨丝制成。为减少钨丝与灯中填充气体的接触面积，从而减少由于热传导所引起的热损失，常将直线状钨丝绕成螺旋状，采用双重螺旋灯丝的白炽灯的光效更高。白炽灯的灯丝被包围在一个密封的玻壳内，从而与外界隔绝，避免因氧化而烧毁。为了减少灯丝的蒸发，从而提高灯丝的工作温度和光效，必须在灯泡内充入合适的惰性气体。在普通白炽灯内充的是氩氮混合气。灯头是白炽灯的电连接和机械连接部分。灯头按形式和用途分为螺口式灯头、插脚式灯头、预聚集焦式灯头及各种特种灯头
	灯座是保持灯的位置和使灯与电源相连接的器件，有开启式和插入弹簧式 防潮灯座为供潮湿环境和户外使用的灯座。这种灯座在使用时不受雨水和潮湿气候的影响

2．额定电压和额定功率

为使用电器正常工作所加的电压叫做额定电压。用电器在额定电压下的电功率叫做额定功率。照明电路的电压是 220 V，家里用的一般照明用灯泡的额定电压也是 220 V。我们说一个灯泡的功率是 40 W，就是说这个灯泡在额定电压 220 V 下的额定功率是 40 W，这时灯泡正常工作，即发光。假如把这个灯泡接在 110 V 的电路中，它实际发出的功率要小于额定功率，即小于 40 W，灯泡就不太亮了；假如把这个灯泡接到 300 V 电压下，它实际发出的功率要大于额定功率，即大于 40 W，灯泡就会太亮。太亮也不是正常工作，因为这时发出的功率太大，灯丝会太热，会影响灯泡的寿命（实际上灯丝很快会被烧断）。

3．白炽灯的检修

白炽灯在使用中的注意事项如表 1.2 所示。

白炽灯的常见故障及其处理方法如表 1.3 所示。

表 1.2　白炽灯在使用中的注意事项

1	灯泡上所标的电压，必须与供电电压相符，以免烧毁灯丝或发生爆炸。电源电压的变化对灯泡的使用寿命和光效的影响很大。在额定电压下使用时，灯泡的平均寿命为 1000 h 左右。电源电压的偏差不宜大于 2.5%
2	当灯泡的功率小于 100 W 时，可以采用胶木灯座；当灯泡的容量大于 100 W 时，必须采用瓷质灯座
3	根据灯泡的发热程度注意它的散热
4	防止水珠溅到灯泡上，以免玻壳炸裂
5	装卸灯泡时应先关断电源。若拆卸螺丝灯泡，还必须注意不要接触灯座的螺旋圈，以免触电
6	当灯头与玻壳松动时，应用耐高温的黏合剂加固后再使用，以防止灯头扭转，引起短路
7	为了使灯泡发出的光通量得到较好的分布和避免炫目，最好装灯罩
8	由于钨丝的冷态电阻比热态电阻小得多，所以白炽灯的瞬时启动电流很大，最高可达正常工作电流的 8 倍以上，至第 6 个周波才衰减到额定值

表 1.3　白炽灯的常见故障及其处理方法

故 障 现 象	原　因	处 理 方 法
不亮	灯丝烧断	更换新灯泡
	熔断器未断，则应进行下述检查：灯头与灯座内的触头是否接触良好；电线是否折断；开关接触是否良好；电网是否停电	检查灯座内的触头是否有足够的弹力，能否与灯头接触良好；用试电笔检查电源线是否有电；若开关接触不良，应及时修复
	熔断器熔丝烧断，有可能是由于下述原因造成的：灯座内两线线芯相碰短路；螺口灯座内的中心触头与螺旋圈相碰短路；花线老化龟裂引起短路；其他电器出现短路故障，致使总熔丝烧断	依据原因，逐项检查，查出后更换新熔丝

续表

故障现象	原　　　因	处 理 方 法
忽明忽暗	灯座、开关、接头等处松动	拧紧
	熔断器中的熔丝松动	拧紧
	附近有大容量电动机或电焊设备在工作，或者是自配发电机的输出电压不稳	无须检修
	灯丝正好断在挂灯丝的钩子处，受震后忽接忽断	更换新灯泡
发光过强	部分灯丝短接（搭丝），从而使电阻减小，电流增大	更换新灯泡
	电源电压与灯泡额定电压不符	调换与电源电压相符的灯泡
发光过暗	电源电压太低，或离电源太远	属于正常现象
	灯泡内钨丝蒸发、积聚在玻壳内，使玻壳发乌，透光低	
	灯丝蒸发后变细，电阻增大，电流变小，光通量降低	
	线路绝缘不良，漏电现象严重	检修线路，或更换新线
	灯泡外部积有油垢（如厨房）	擦拭干净即可

二、开关的认识和安装

1. 开关的认识

开关是一种在电路中起控制、选择和连接等作用的器件。

家庭中最常见的开关就是单控开关，也就是一个开关控制一个或多个电器。根据所连接电器的数量，开关又可以分为单联、双联、三联、四联等多种形式，如表 1.4 所示。

表 1.4　开关的种类

开关种类	单联开关	双联开关	三联开关	四联开关
外形图				

2. 开关的安装

单控开关的接线比较简单，每个单控开关上有两个针孔式接线柱，分别任意接相线和回相线即可。

（1）安装前应检查开关的规格型号是否符合设计要求，并有产品合格证，同时检查开关的操作是否灵活。

（2）用万用表的 R×100 挡或 R×10 挡检查开关的通/断情况。

（3）接线前，应清理接线盒内的污物，检查盒体有无变形、破裂、水渍等易造成安装困难及产生事故的遗留物。

（4）先把接线盒中留好的导线整理好，再留出足够操作的长度（长出盒沿 10～15 cm）。注意，长度不要留得过短，否则很难接线；也不要留得过长，否则很难将开关装进接线盒。

（5）用剥线钳把导线的绝缘层剥去 10 mm，把线头插入接线孔，用小螺钉旋具把压线螺钉旋紧。注意，线头不得裸露。

（6）开关必须安装牢固。另外，面板应平整，其中暗装开关的面板应紧贴墙壁，且不得倾斜；相邻开关的间距及高度应保持一致。

三、线槽的种类和选用

1. 塑料线槽的种类

塑料线槽的种类很多，如图 1.2 所示。

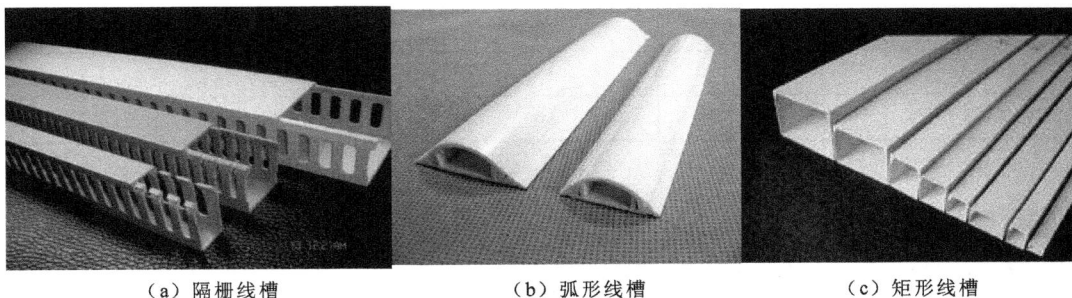

（a）隔栅线槽　　　　　　（b）弧形线槽　　　　　　（c）矩形线槽

图 1.2　塑料线槽的种类

应根据不同的场合合理选用塑料线槽，如弧形线槽较坚固，能承载一定的压力，主要用于地面的布线，其安装方法是用双面胶进行粘贴；隔栅线槽主要用于机械设备的电气控制线路的配线，如机床电气控制箱内的导线的配线；矩形线槽主要用于动力、照明线路的配线。

2. 塑料线槽的选用

806 系列塑料线槽按宽度尺寸分为 25 mm，40 mm，60 mm，80 mm 四种规格。其型号分别为 VXC-25，VXC-40 等。其中宽度为 25 mm 的塑料线槽有两种形式：一种的槽底是平面，为平底线槽；另一种的槽底有两道隔棱，为三槽式线槽。三槽式线槽的型号为 VXC-25S，主要用于照明线路的敷设。塑料线槽的规格如图 1.3 所示。

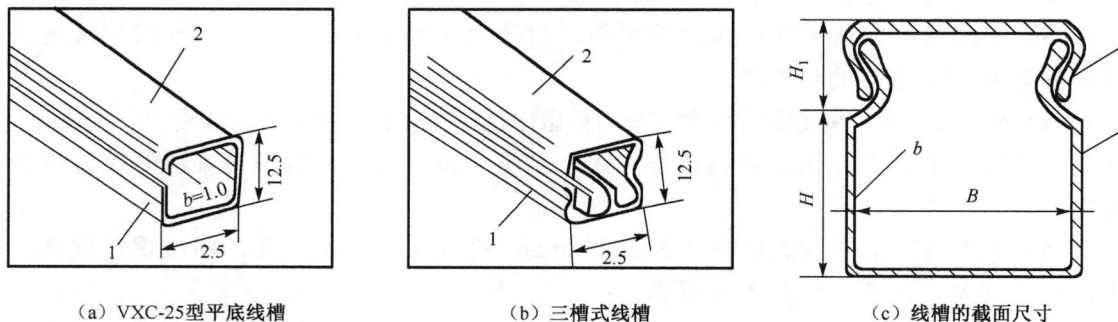

（a）VXC-25型平底线槽　　　　（b）三槽式线槽　　　　（c）线槽的截面尺寸

图 1.3　塑料线槽的规格

如表 1.5 所示为 VXC 系列线槽截面的规格尺寸。

表 1.5　VXC 系列线槽截面的规格尺寸

型　号	B(mm)	H(mm)	H_1(mm)	b(mm)
VXC-25	25	6.5	6.4	1.0
VXC-40	40	15	15	1.2
VXC-60	60	15	15	1.5
VXC-80	80	30	20	2.0

任务实施

小组合作完成一控一白炽灯照明电路的安装与检修。

一、准备工作

准备如图 1.4 所示的材料和工具。

（a）工具

（b）材料

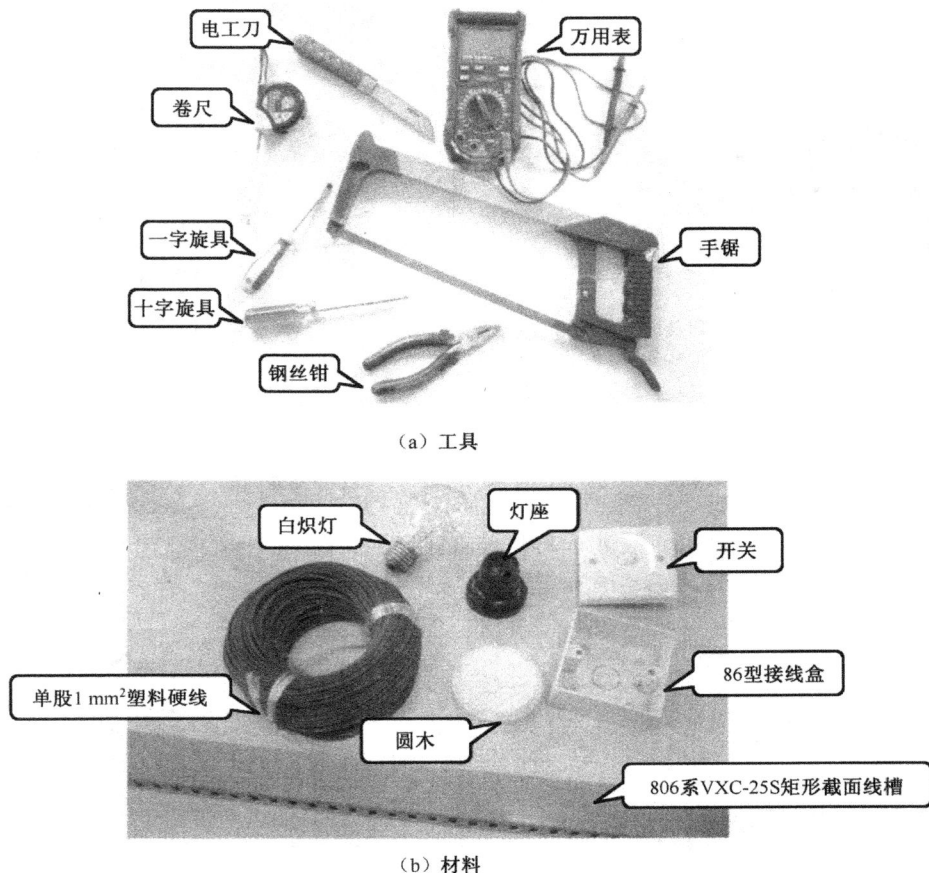

图 1.4　材料和工具

二、实施步骤

（1）对照一控一白炽灯照明电路原理图，熟悉各器件，对相关的器件进行测试以判别其好坏，并将检测结果记录下来。

（2）对器件进行定位画线，在墙面上进行位置的安排和摆放。注意，器件的位置要方便布线和接线，其摆放要整齐美观，符合安装标准，并考虑到后期维修操作的安全方便。

（3）固定各器件，明确各器件的准确位置，尤其是需要引线的接线柱和孔的位置，以便在布线时使定位准确、方便。

（4）固定塑料线槽位置，以备敷设导线时使用，如图 1.5 所示。另外，塑料线槽直角 45°拼接法如图 1.6 所示。

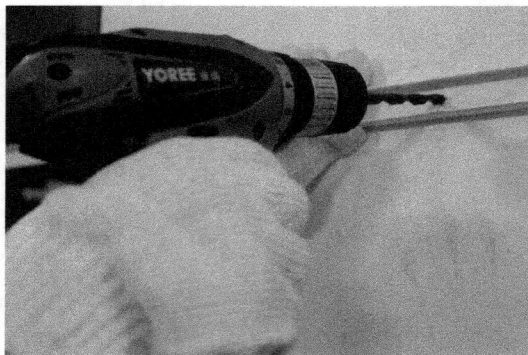

（a）用手电钻在塑料线槽内钻孔　　　　　（b）用螺丝刀在塑料线槽孔上拧紧螺钉

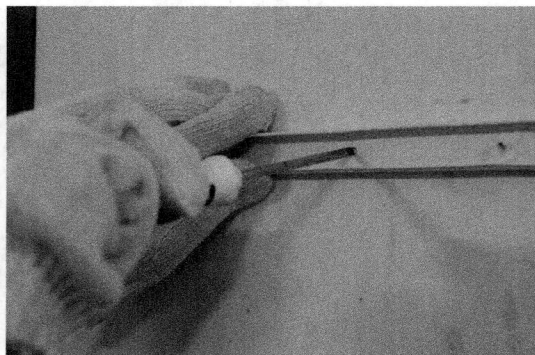

图 1.5　固定塑料线槽位置

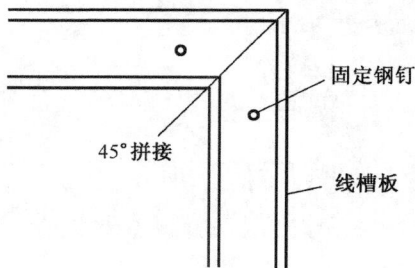

图 1.6　塑料线槽直角 45°拼接法

使用手电钻时的注意事项：

①　手电钻的电源电压仅能使用 36 V 安全电压，如果使用 220 V，由市电供给，则电源进线前必须安装漏电保护器；

②　手电钻的安装钻头要牢固可靠，锁紧钻头必须用手电钻自带的钥匙锁紧；

③　用手电钻钻孔时，钻头与孔面必须保持垂直，且应手握紧手电钻的握柄，以防手电钻在启动时瞬间被摔出。

（5）布线。

①　根据各段塑料线槽的长度放线。本任务采用了两根 1 mm 的硬导线，导线的长度是塑料线槽的长度加上与开关、灯座等连接的长度（一般为 200 mm）；如果有接线盒、圆木等装置，导线还可以适当留一定的余量。

② 将导线放入塑料线槽内后，盖上塑料线槽的槽盖，如图 1.7 所示。

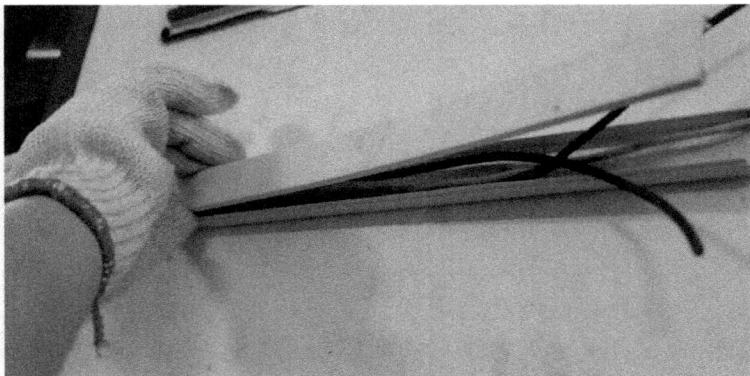

图 1.7　盖上塑料线槽的槽盖

（6）开关、灯座接线。

（7）检查。连接完毕后，用万用表的欧姆挡对电路进行断电检查。将电路检查一遍，判断有无接错、漏接。

（8）通电后，通过试电笔、万用表的交流电压挡测试各处的电压是否正常，开关能否控制电灯亮、灭。若发现问题应及时检修，使之工作正常。

（9）工作任务结束后，填写工作任务单，对工作任务进行总结，并先进行小组互评，再由教师评价。

想一想

（1）举几个在生产生活中常见到的应用塑料线槽的例子。

（2）手电钻的应用有哪些安全注意事项？其电源电压一般是多少？

（3）上网搜索或到市场调查了解，总结一下常见的塑料线槽有哪些类型，通常用于哪些场合？

任务二　二控一白炽灯照明电路的安装

任务描述

当人们晚上独自通过楼梯上楼时，经常会遇到这样一个问题：怎么把刚刚在下面那层打开的灯关上？如果使用楼梯的人很少，就这样一直开着会浪费很多电，实在可惜。通常在这样的大楼里，上面这层的墙上还装有一个开关，按下这个开关，就可以关闭刚刚在下面一层点亮的那盏灯。它和楼下的开关控制着同一盏灯，按动其中任何一个都可以控制灯的点亮或熄灭。这样的线路称为二控一照明线路。二控一照明线路的应用十分广泛，在很多大楼的楼梯、走廊等场所都非常常见。最常用的方法是用两个单联双控开关来控制一盏灯。

本任务就是完成二控一白炽灯照明电路的安装，其原理如图 1.8 所示。

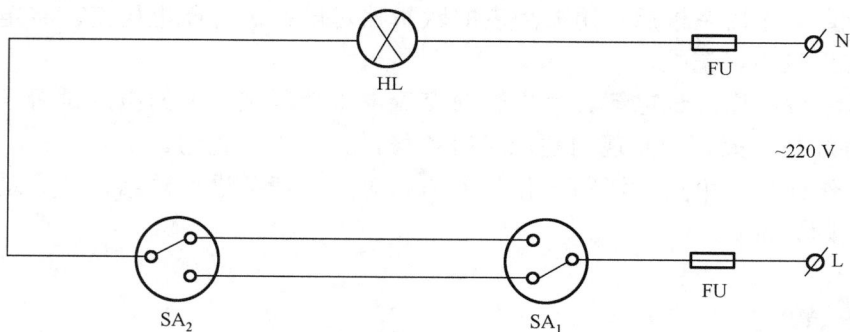

图 1.8　二控一白炽灯照明电路的原理图

学习目标

（1）知道二控一照明线路的工作原理。

（2）正确安装二控一白炽灯照明电路。

（3）能识读电气线路图及图形、文字符号。

知识平台

两个双联开关控制一盏灯的照明线路（二控一白炽灯照明电路）的工作原理如图 1.9 所示。

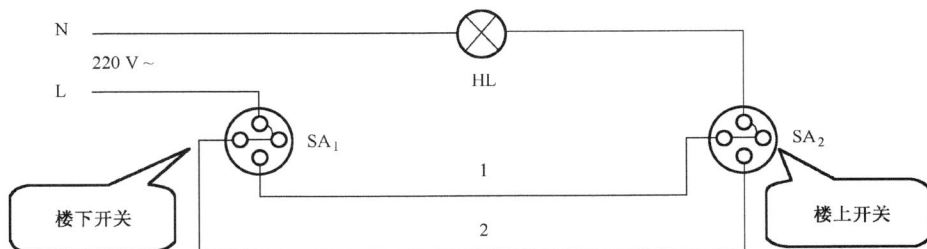

初始状态：电路断开，灯不亮

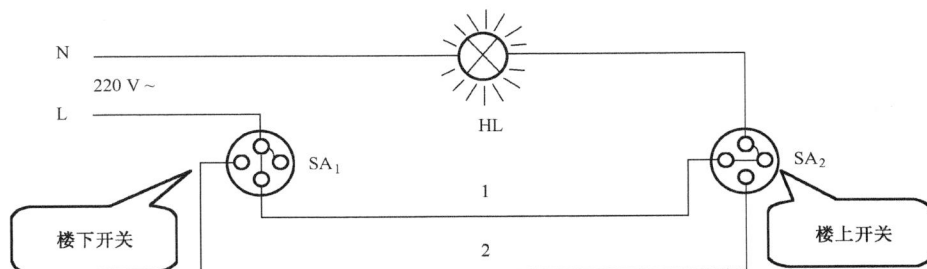

上楼时，按下楼下开关SA$_1$，电路通过线路1形成通路，灯亮

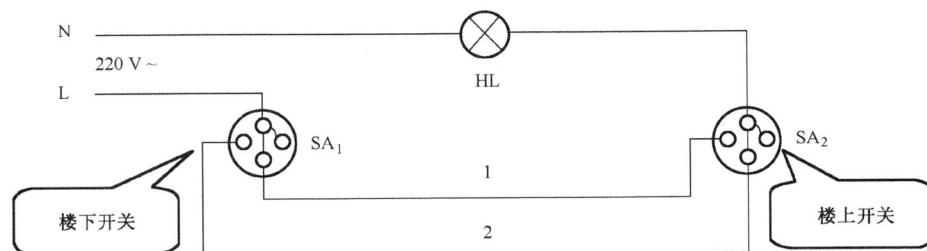

到达上一层后，按下楼上开关SA$_2$，电路断开，灯熄灭

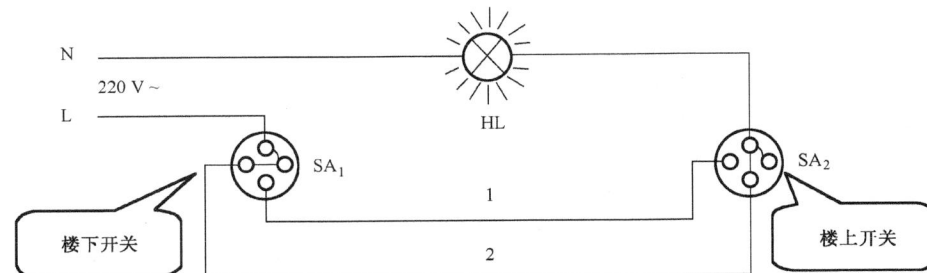

再次有人上楼时，按下楼下开关SA$_1$，电路通过线路2形成通路，灯亮

图 1.9 二控一白炽灯照明电路的工作原理

安装二控一白炽灯照明电路时要掌握以下三点：

（1）电源的相线进双联开关 SA_1 的公共端，电源的零线进灯座；

（2）双联开关 SA_1 的两个接线端与双联开关 SA_2 的两个接线端对接；

（3）双联开关 SA_2 的公共端与灯座对接。

任务实施

小组合作完成二控一白炽灯照明电路的安装与检修。

一、准备工作

准备如图 1.10 所示的材料和工具。

（a）工具

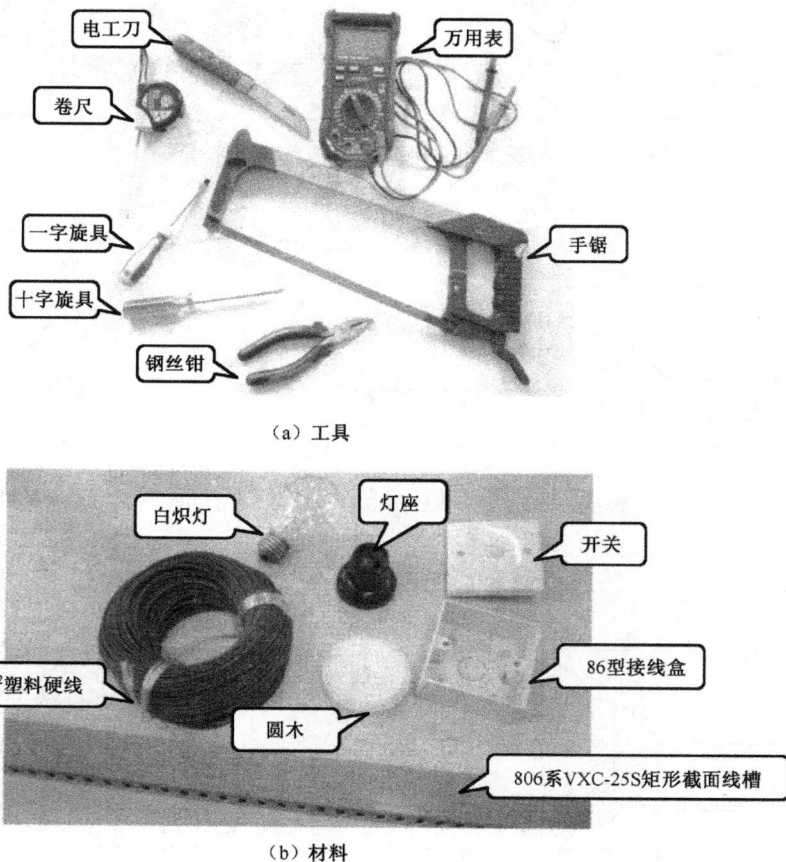

（b）材料

图 1.10 材料和工具

二、施工步骤

（1）对照二控一白炽灯照明电路的原理图，熟悉各器件，对相关的器件进行测试以判别其好坏，并将检测结果记录下来。

（2）画线定位。根据任务要求在墙壁上标出熔断器、接线盒、灯座的位置，画出线槽的走向及位置，根据电气原理图确定每一条线条上导线的数量。

（3）对器件进行定位画线，在墙壁上进行位置的安排和摆放。注意，器件的位置要方便布线和接线，摆放要整齐美观，并考虑到后期维修操作的安全方便。

（4）固定各器件，明确各器件的准确位置，尤其是需要引线的接线柱和孔的位置，以便在布线时使定位准确、方便。

（5）固定线槽位置，以备敷设导线时使用。其方法与任务一中的方法相同。

（6）开关及灯座的接线安装。二控一白炽灯照明电路使用的是双联开关，如图 1.11 所示。图中间的一端为公共接线端，两边为开关接线端。当开关扳向下方，接通中间与下方的接线端；当开关扳向上方，接通中间与上方的接线端。

图 1.11 双联开关

根据原理图将导线分别接入接线端并将开关固定，如图 1.12 所示。

灯座的接线、安装方法与任务一中的接线、安装方法相同。

（7）通电前的线路检测：通电前应检查线路有否短路。

（8）线路通电试验：接通电源，扳动开关 SA$_1$，灯泡亮，然后再扳动开关 SA$_1$，灯泡熄灭；扳动开关 SA$_2$，灯泡亮，然后再扳动开关 SA$_2$，灯泡熄灭，则二控一白炽灯照明电路工作正常。

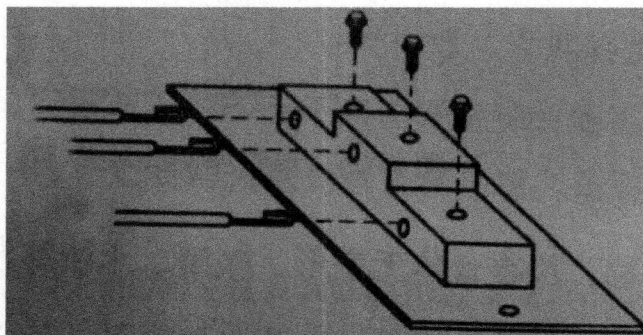

图 1.12　双联开关的接线图

知识拓展

一、多控一白炽灯照明电路

　　要想在三个地方控制一盏照明灯,要用到三控一白炽灯照明电路,其原理如图 1.13 所示。其特点是在二控一白炽灯照明电路的基础上增加了一个三联开关,并将三联开关串接在两个双联开关之间。图 1.13 中的 SA_3 就是一个三联开关。

　　如图 1.14 所示是三联开关动作的原理图。三联开关有两个位置。图 1.14（a）表示第一个位置:1 与 2 导通,3 与 4 导通;图 1.14（b）表示第二个位置:1 与 3 导通,2 与 4 导通。掌握双联开关、三联开关的动作原理后,请读者自行分析三控一白炽灯照明电路的工作原理。

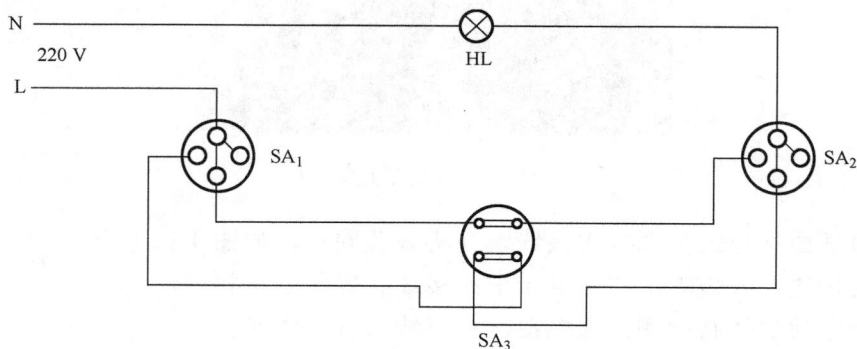

图 1.13　三控一白炽灯照明电路的原理图

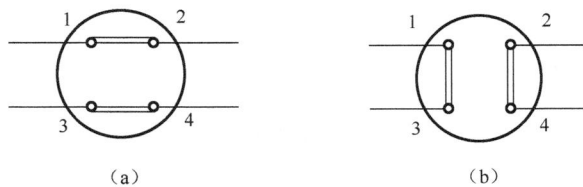

图 1.14　三联开关动作的原理图

多控一白炽灯照明电路的原理和三控一白炽灯照明电路相同。如图 1.15 所示为四控一白炽灯照明电路的原理图，如图 1.16 所示为多控一白炽灯照明电路的原理图。

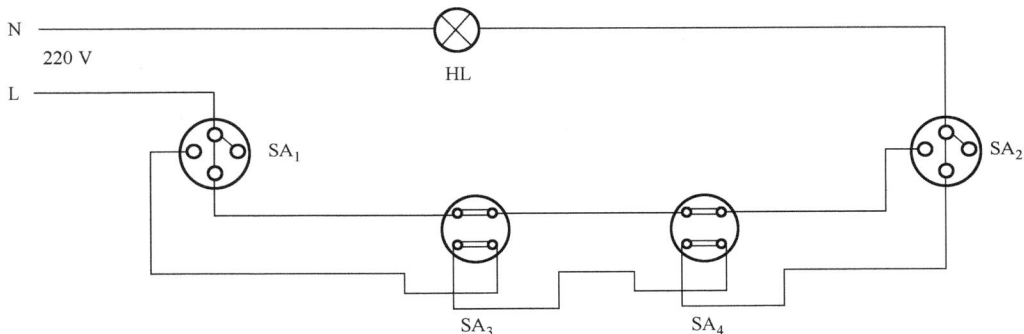

图 1.15　四控一白炽灯照明电路的原理图

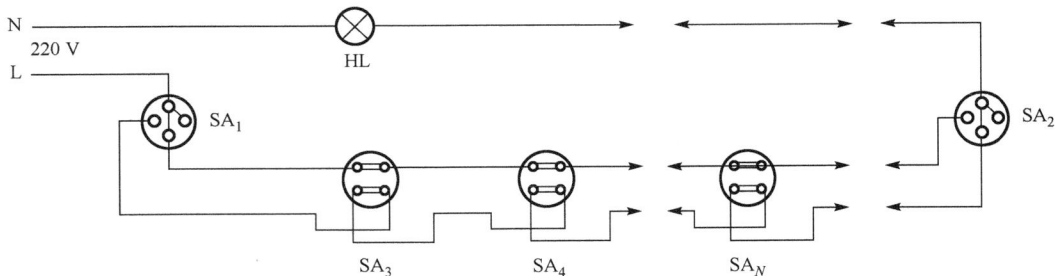

图 1.16　多控一白炽灯照明电路的原理图

二、声控延时白炽灯照明电路

多点控制同一盏照明灯主要应用在走廊、上下楼梯等场所。多控一白炽灯照明电路较复杂，尤其是在安装时，其敷设的导线较多。随着电子技术应用的普及，需多点控制照明灯的电路一般都采用了声控延时电子开关，如图 1.17 所示。例如，将该装置安装在走廊里，当有人通过走廊时，拍一下手照明灯就可以点亮，维持一段时间后，声控延时电子开关自动关闭，照明灯熄灭。目前，住宅楼里的楼梯、楼道普遍采用了声控延时电子开关，它不仅使用方便，而且线路安装也方便。

图 1.17　声控延时电子开关

如图 1.18 所示为声控延时电子开关的接线图。开关 SA$_1$ 供人工控制用，当开关闭合时，声控延时开关被短接，失效，照明灯点亮；当开关断开时，声控延时电子开关自动启动。

声控延时电子开关的主要器件是专用集成芯片，加上一些电子元件，使得其整个构造很小巧，一般直接接在灯座内。其安装十分简便，和安装一控一白炽灯照明电路的方法相同。

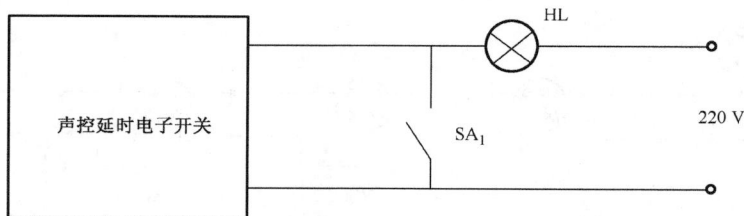

图 1.18　声控延时电子开关的接线图

想一想

（1）二控一白炽灯照明电路安装完成后应做的检测项目有哪些？

（2）上网搜索或到现场调查了解，总结一下目前照明线路中常用的节电措施有哪些？

任务三 日光灯的安装

任务描述

  日光灯又叫做荧光灯，是日常生活中最为常见的一种灯具。无论是居室、办公室、宿舍还是教室，几乎任何地方都可以看到日光灯的身影。日光灯的光线明亮、节省电能、价格低廉，广泛用于办公室、教室、住家、车间等场所，如图1.19所示。

（a）日光灯灯具

（b）日光灯照明的应用

图1.19 日光灯

本任务是用塑料线槽完成单管日光灯电路的安装。在安装过程中，应了解日光灯的发光原理，熟悉日光灯的品种规格、整流器的选配，掌握日光灯的电气线路图及相关图形、文字符号，进一步掌握相关用电的安全知识。日光灯电路的原理如图1.20所示。

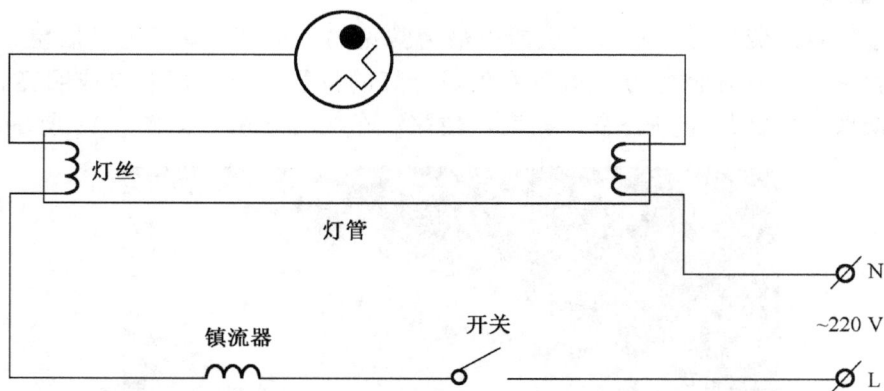

图1.20　日光灯电路的原理图

学习目标

（1）知道日光灯的组成与发光原理。
（2）能够查阅日光灯电路的接线工艺。
（3）正确排除日光灯电路的常见故障。
（4）知道常用电工工具的操作及相关用电安全知识。

知识平台

一、日光灯的组成及发光原理

1. 日光灯的组成

日光灯又叫荧光灯，是普遍使用的一种光源。其组成如表1.6所示。日光灯的工作特点是灯管开始点亮时需要一个高电压，而正常发光时只允许通过不大的电流，这时灯管两端的电压低于电源电压。

表 1.6　日光灯的组成

名　　称	作　　用
 灯管	日光灯灯管两端各有一个灯丝，玻璃管内壁涂有一层均匀的薄荧光粉，管内被抽成真空，充入少量惰性气体，同时还注入微量的液态水银。两个灯丝之间的气体导电时发出紫外线，使荧光粉发出柔和的可见光
 电感式镇流器	电感式镇流器是一个铁芯电感线圈。电感线圈的性质是当线圈中的电流发生变化时，在线圈中将引起磁通的变化，从而产生感应电动势，其方向与电流的方向相反，因而阻碍着电流的变化
 启辉器	启辉器在电路中起开关作用，它由一个氖气放电管与一个电容并联而成，电容的作用为消除对电源的电磁干扰并与镇流器形成振荡回路，增加启动脉冲电压幅度。放电管中的一个电极由双金属片组成，利用氖泡放电加热，使双金属片在开闭时，引起电感式镇流器的电流突变并产生高压脉冲加到灯管两端

名　　称	作　　用
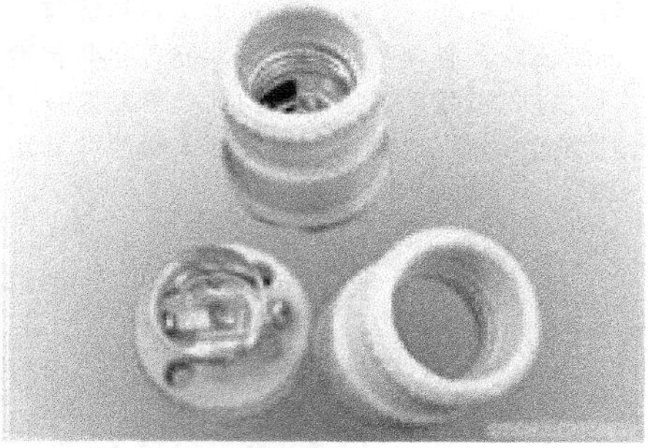 启辉器座	用来装启辉器
 日光灯灯座	日光灯灯座是用来安装日光灯电路中各个零部件的载体，有木制、铁皮制和铝制等几种。灯座是保持灯的位置和使灯与电源相连接的器件，有开启式和弹簧插入式
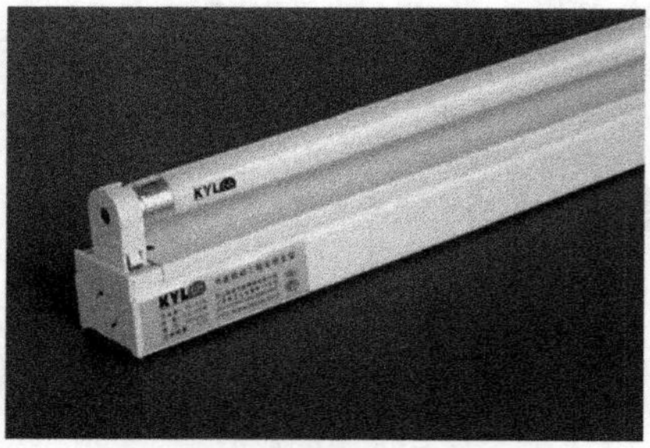 日光灯整体	当日光灯接入电路以后，启辉器的两个电极间开始辉光放电，使双金属片受热膨胀而与静触片接触，于是电源、镇流器、灯丝和启辉器构成一个闭合回路，电流使灯丝预热；当受热 1～3s 后，启辉器的两个电极间的辉光放电熄灭，双金属片随之冷却而与静触片断开，在两个电极断开的瞬间，电路中的电流突然消失，于是镇流器产生一个高压脉冲，它与电源叠加后，加到灯管两端，使灯管内的惰性气体电离而引起弧光放电。在正常发光过程中，镇流器的自感还起着稳定电路中电流的作用

2. 日光灯的发光原埋

日光灯的发光原理如图 1.21 所示。在接通电源的瞬间，电流由电源沿日光灯灯管两端的灯丝，经启辉器、镇流器、电源构成回路，使灯丝预热并发射电子。同时，在电流作用下，启辉器内的动、静触片间产生辉光放电而发热，动触片受热弯曲与静触片接通，两触片间的电压为零，双金属片冷却复位，使动、静两触片又分断，在两触片分断的瞬间，电路中形成一个触发，使镇流器两端产生感应电动势，出现瞬间的高压脉冲。在脉冲电动势的作用下，灯管内的惰性气体被电离而引起弧光放电。随着弧光放电，灯管内的温度升高，上述现象重复数次，直至灯管内的温度使管内的液态汞气化电离，引起汞蒸气弧光放电而产生不可见的紫外线，紫外线激发灯管内壁的荧光粉后发出近似于白色的灯光。

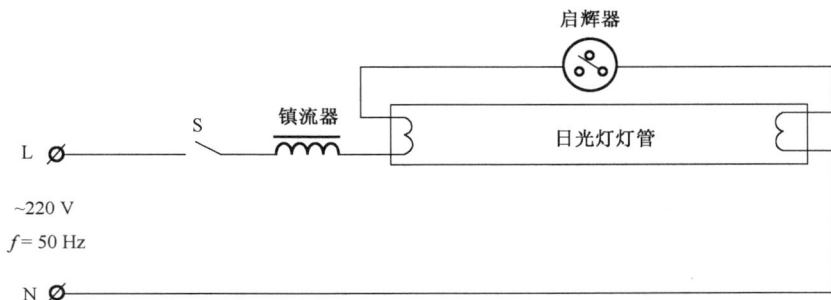

图 1.21　日光灯的发光原理

二、日光灯的品种和规格

日光灯有多种品种和规格。日光灯的灯管规格用功率标称，有 6 W，8 W，15 W，20 W，30 W 等多种。一旦灯管的功率确定，则这个日光灯电路中所需的镇流器、启辉器都需与灯管的功率配套。

三、日光灯电路常见故障的维修

1．日光灯不能发光

日光灯不能发光的原因通常是灯座接触不良，使电路处于断路状态。可用手将两端的灯丝引脚推紧，如图 1.22 所示。如果还不能正常发光，应检查启辉器。可采用比较法检查：将该日光灯的启辉器装入能正常发光的日光灯中，重新接通电源，观察能否点亮日光灯，如果不能，则应更换启辉器；如果能，说明启辉器正常，应该检查日光灯的灯管。将日光灯拆下，用万用表的电阻挡分别测量灯管两端的灯丝引脚，如图 1.23 所示。其正常的阻值应为十几欧姆，如果测出电阻为无穷大，说明灯丝已烧断，应更换灯管。

图 1.22　灯座接触不良

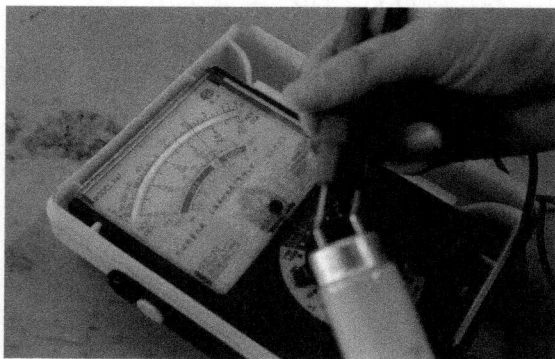

图 1.23　用万用表测量灯管的灯丝

2．灯管的灯光一直闪烁

造成灯管的灯光一直闪烁的主要原因是启辉器损坏，如启辉器中的电容器短路或双金属片无法断开，在这种情况下应更换启辉器。另外，线路出现接触不良（如灯座接触不良）使电路时断时通，也会造成上述现象，此时应检查线路的各个连接点，方法是用万用表按原理图逐点测量，找出故障点，重新连接该点。

本地区电压不稳定也会造成灯管的灯光闪烁，此时应使用万用表的交流 250 V 挡测量日光灯的电源电压。解决这一问题可采用交流稳压电源，选取时还应考虑电路的功率。

3．日光灯在工作时有杂声

日光灯在工作时有杂声一般是因为镇流器的铁芯松动，应更换镇流器。更换时要注意，镇流器的功率应与日光灯的功率匹配。

任务实施

小组合作完成日光灯电路的安装与检修。

一、准备工作

准备如图 1.24 所示的材料和工具。

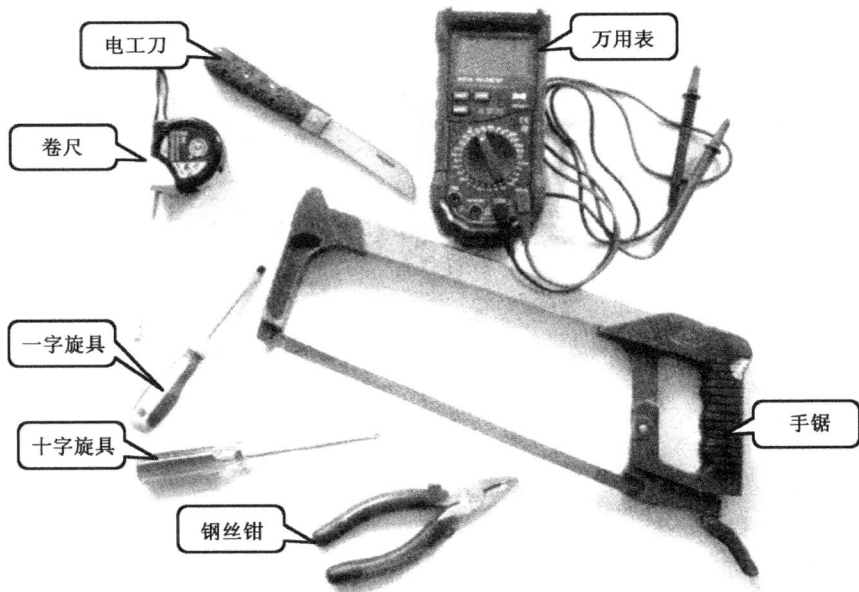

电工刀

卷尺

万用表

一字旋具

十字旋具

钢丝钳

手锯

图 1.24　材料和工具

二、实施步骤

（1）对照日光灯电路的原理图，熟悉各器件，对相关的器件进行测试以判别其好坏，并将检测结果记录下来。

（2）对器件进行定位画线，在墙壁上进行位置的安排和摆放。注意，器件的位置要方便布线和接线，摆放要整齐美观，且各器件应疏密相间，并考虑到后期维修操作的安全方便。

（3）固定各器件，明确各器件的准确位置，尤其是需要引线的接线柱和孔的位置，以便在布线时使定位准确、方便。

（4）固定线槽位置，以备敷设导线的使用。

（5）日光灯的安装。

① 日光灯灯座的安装与接线。日光灯的灯座由一个固定式灯座和一个带弹簧的活动式灯座组成，以便于日光灯灯管的安装。固定式、活动式灯座的安装与接线的方法相似，如图 1.25 所示。

② 镇流器、启辉器的安装与接线。镇流器、启辉器的安装与接线如图 1.26 所示。

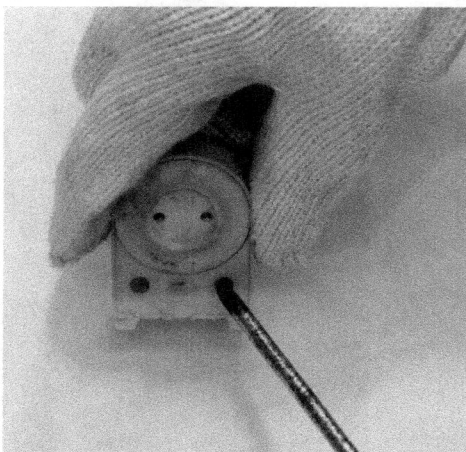

（a）步骤一（根据日光灯管的长度确定并画出两灯座的固定位置，旋下灯座的铁支架与灯脚间的连接螺钉，取下铁支架，用木螺钉将两个铁支架固定在安装板上）

（b）步骤二（以灯管 2/3 的长度截取四根 1 mm 长的多股软导线作为日光灯电路的接线，用剥线钳剥去导线线端的绝缘层，绞紧线芯，制作一个压线圆圈，其直径略大于压线螺钉）

图 1.25　日光灯灯座的安装与接线

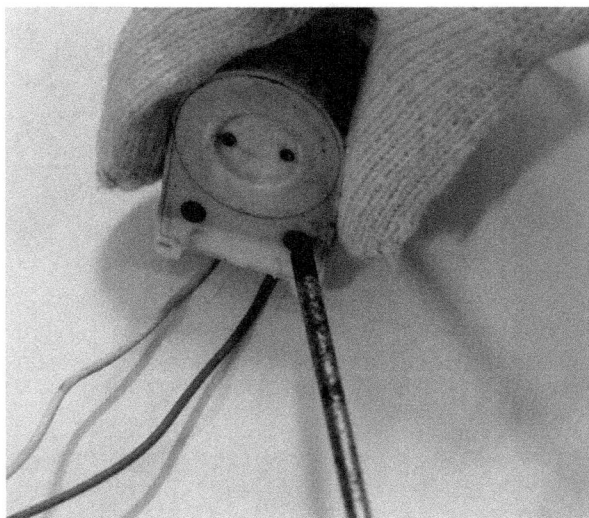

（c）步骤三（将压线螺钉旋入灯座的接线端）

（d）步骤四（两个灯座中的一个为固定式，另一个为活动式。活动式灯座内有弹簧，接线时先旋松灯座上方的螺钉使灯脚与外壳分离，然后将灯脚引线沿灯脚下端缺门引出，再旋紧灯脚支架与灯脚的紧固螺钉，恢复灯脚支架与灯脚的连接）

图 1.25　日光灯灯座的安装与接线（续）

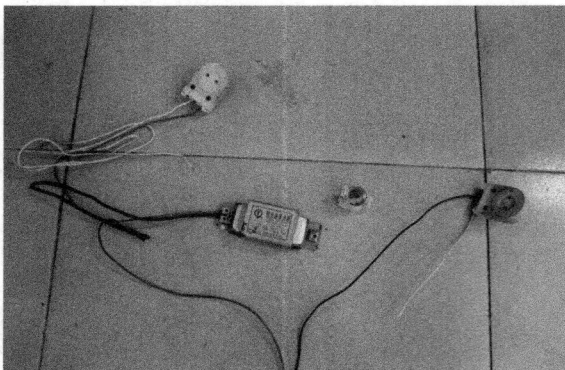

（a）步骤一（按图中位置固定日光灯的镇流器，根据日光灯的原理图将一端灯座中的一根引线接入镇流器的接线端，另一个接线端与电源线相连接）

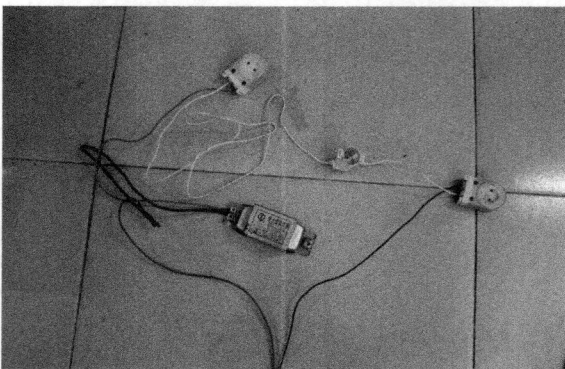

（b）步骤二（根据日光灯的原理图，分别从两个灯座中各取出一根导线与启辉器相连接。启辉器接线完成后，用木螺钉将启辉器座固定在安装板上）

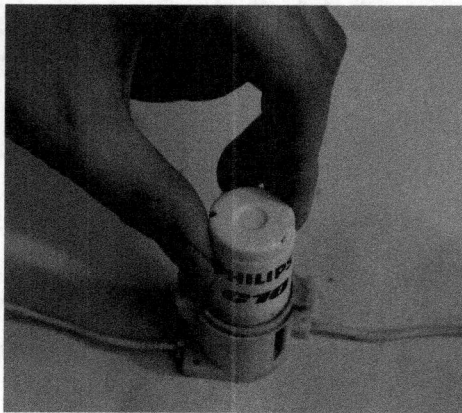

（c）步骤三（将启辉器插入启辉器座内，顺时针方向旋转约 60°）

图 1.26　镇流器、启辉器的安装与接线

（d）步骤四（将灯管的灯丝引脚插入活动（内有弹簧）式灯座内的灯丝插孔，然后推压灯管，使另一端的引脚对准固定式灯座的灯丝插孔，利用弹簧力的作用使其插入灯座内，再按照日光灯的原理图将电源线接入日光灯电路中）

图 1.26　镇流器、启辉器的安装与接线（续）

（6）通电检验。接通开关，观察日光灯的启动及工作情况，正常情况下应看到日光灯灯管在闪烁数次后被点亮。

（7）工作任务结束后，填写工作任务单，对工作任务进行总结，并先进行小组互评，再由教师评价。

想一想

（1）调查教室、实习车间或家中是否使用了日光灯，其规格是多少，并计算该灯点亮一小时消耗多少电能？和相同规格的白炽灯对比一下，总结日光灯的优点有哪些？

（2）启辉器的作用是什么？上网搜索或到市场调查了解，总结一下常用的启辉器有哪些类型？

（3）日光灯不能正常发光，应如何检测？

任务四　吸顶灯的安装

任务描述

　　吸顶灯可直接装在天花板上，其安装简易，款式简单大方，可赋予空间清朗明快的感觉。常用的吸顶灯有方罩吸顶灯、圆球吸顶灯、尖扁圆吸顶灯、半圆球吸顶灯、半扁球吸顶灯、小长方罩吸顶灯等，其安装方法基本相同。本任务对尖扁圆吸顶灯进行安装。

学习目标

　　（1）知道吸顶灯的作用与应用。
　　（2）知道吸顶灯的安装要求与步骤。
　　（3）能够正确安装吸顶灯。

知识平台

一、吸顶灯的安装要求与施工步骤

　　1. 室内照明灯具的安装技术要求
　　（1）安装照明灯具的最基本要求是必须牢固、平整、美观。
　　（2）在室内安装壁灯、床头灯、台灯、落地灯、镜前灯等灯具时，灯具的金属外壳均应接地，以保证使用安全。
　　（3）在卫生间及厨房装矮脚灯头时，宜采用瓷螺口矮脚灯头座。螺口灯头接线时，相线（开关线）应接在中心触点端子上，零线应接在螺纹端子上。
　　（4）台灯等带开关的灯头，为了安全，开关手柄不应有裸露的金属部分。
　　（5）在装饰吊顶安装各类灯具时，应按灯具安装说明的要求进行安装。当灯具质量大于 3 kg 时，应采用预埋吊钩或从屋顶用膨胀螺栓直接固定支吊架安装（不能用吊平顶或吊龙骨支架安装灯具）。从灯头箱盒引出的导线应用软管保护至灯位，防止导线裸露在平顶内。

（6）在同一场所安装成排灯具时一定要先弹线定位，再进行安装，且中心偏差应不大于 2 mm。要求成排灯具横平竖直，高低一致；若采用吊链安装，吊链要平行，且灯脚要在同一条线上。

（7）安装照明器具时一定要保证双手是干净的，不得污染，安装好以后要立即用干布擦一遍，保证干净。

（8）在灯具的安装过程中，要保证不得污染损坏已装修完毕的墙面、顶棚、地板。

2．室内照明灯具的安装施工步骤

应在屋顶和墙面喷浆、刷油漆或贴壁纸等及地面清理工作基本完成后再安装照明灯具。室内照明灯具的安装施工步骤如图 1.27 所示。

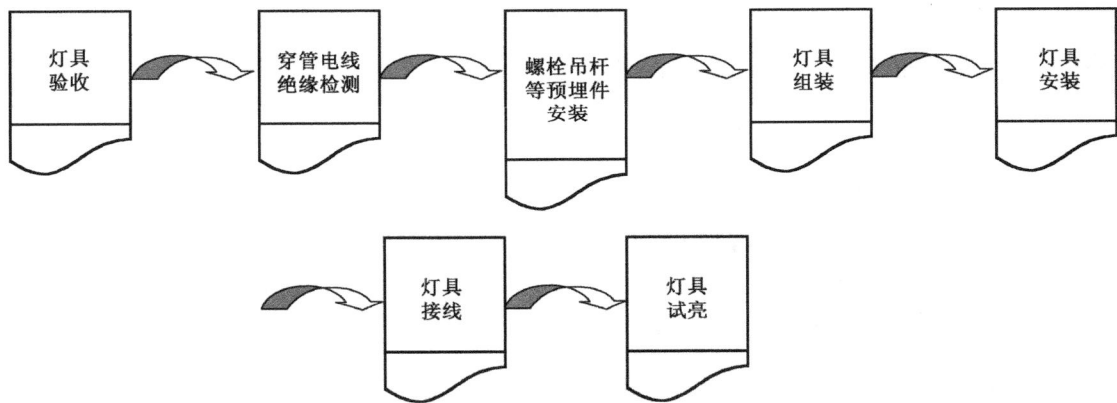

图 1.27 室内照明灯具的安装施工步骤

二、吸顶灯安装的宜与忌

（1）吸顶灯不可直接安装在可燃的物件上。有的家庭为了美观用油漆后的三层板衬在吸顶灯的背后，实际上这很危险，必须采取隔热措施；当灯具表面的高温部位靠近可燃物时，也要采取隔热或散热措施。

（2）对于引向吸顶灯每个灯具的导线线芯的截面积，铜芯软线不应小于 0.4 mm^2，否则引线必须更换。导线与灯头的连接，灯头间并联导线的连接要牢固，电气接触应良好，以免由于接触不良，使导线与接线端之间产生火花，进而发生危险。

（3）如果吸顶灯中使用的是螺口灯头，则其相线应接在灯座中心触点端子上，零线应接在螺纹端子上。灯座的绝缘外壳不应有破损和漏电，以防更换灯泡时触电。

（4）与吸顶灯电源进线连接的两个线头的电气接触应良好，而且还要分别用黑胶布包好，并保持一定的距离。如果有可能，尽量不要将两个线头放在同一块金属片下，以免短路，发生危险。

任务实施

小组合作完成吸顶灯的安装与检修。

一、准备工作

（1）钻孔和固定挂板。对于现浇的混凝土实心楼板，可直接用电锤钻孔，打入膨胀螺钉，用它来固定挂板，如图 1.28 所示。固定挂板时，在木螺钉往膨胀螺钉里面上时，不要一边完全上进去了才固定另一边，那样容易导致另一边的孔位置对不齐，正确的方法是粗略固定好一边，使其不会偏移，然后固定另一边，两边要同时且交替进行。

注意：为了保证使用安全，当在砖石结构中安装吸顶灯时，应采用预埋吊钩、螺栓、螺钉、膨胀螺栓、尼龙塞或塑料塞固定，严禁使用木楔。

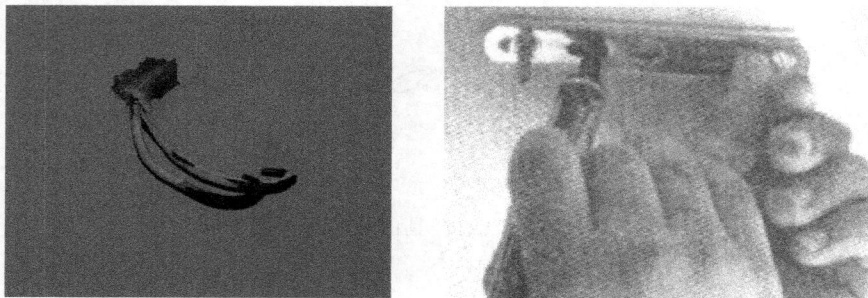

在墙上预留线头并在需要打膨胀螺钉的位置做上记号

用电钻开始钻孔，注意孔的深度

（a）钻孔

图 1.28　钻孔和固定挂板

膨胀螺钉完全嵌入墙内，把木螺钉穿过挂板孔

两边的固定交替进行，以免本螺钉出现偏移

（b）固定挂板

图 1.28　钻孔和固定挂板（续）

（2）拆开包装，先把吸顶盘接线柱上自带的一点线头去掉，然后把灯管取出来，如图 1.29 所示。

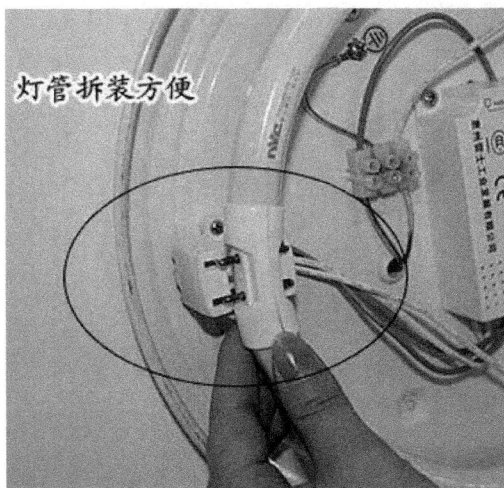

图 1.29　拆除吸顶盘接线柱上的连线并取下灯管

（3）将 220 V 的相线（从开关引出）和零线连接在接线柱上，与灯具引线相连接，如图 1.30 所示。有的吸顶灯的吸顶盘上没有设计接线柱，可将电源线与灯具出线连接起来，并用黄蜡带包紧，外加包缠黑胶布，将接头放到吸顶盘内。

图 1.30　在接线柱上接线

（4）将吸顶盘的孔对准吊板的螺钉，将吸顶盘及灯座固定在天花板上，如图 1.31 所示。

图 1.31　固定吸顶盘及灯座

（5）按说明书依次装上灯具的配件和装饰物。

（6）插入灯泡或安装灯管（这时可以试下灯是否会亮）。

（7）把灯罩盖好，如图 1.32 所示。

如果在厨房、卫生间的吊顶上安装嵌入式吸顶灯，要按实际安装位置在挂板上打孔，将电线引过来，如图 1.33（a）所示，并在吊顶内安装三角龙骨。常见的三角龙骨有两种，如图 1.33（b）所示的一种为内翻龙骨，另一种为外翻龙骨。相比之下，内翻龙骨更有优势，可使三角龙骨上与吊筋连接，下与灯具上的支承架连接，这样做既安全又保证位置准确，便于用弹簧卡子固定吸顶盘。注意要处理好吸顶灯与吊顶面板的交接处。一般吸顶灯的边缘应盖住吊顶面板，否则会影响美观。

图 1.32　安装灯罩

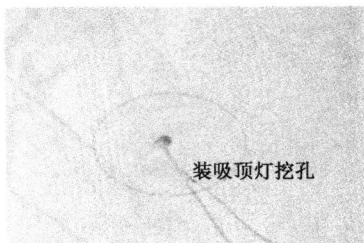

装吸顶灯挖孔

外翻龙骨

内翻龙骨

（a）在吊顶上挖孔　　　　　　（b）三角龙骨

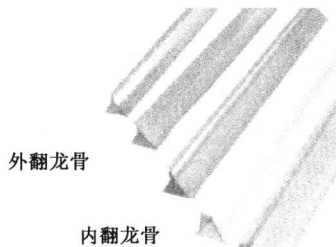

图 1.33　在吊顶上挖孔和三角龙骨

想一想

（1）观察你身边有没有吸顶灯，它们安装在什么地方？

（2）简述吸顶灯的安装方法。

任务五　组合吊灯的安装

任务描述

吊灯给人以热烈奔放、富丽堂皇的感受，适用于客厅。吊灯形式多彩多姿，主要作为工艺品欣赏，如图 1.34 所示。

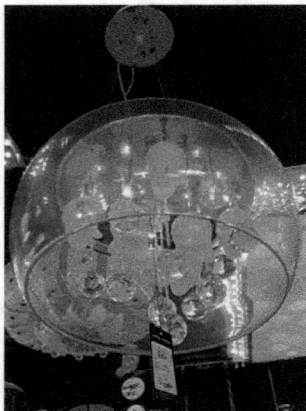

图 1.34　工艺品欣赏

本任务对组合吊灯进行安装。

学习目标

（1）知道组合吊灯的作用与应用。

（2）知道组合吊灯的安装要求与步骤。

（3）能够正确安装组合吊灯。

知识平台

一、吊顶的功能

房屋的顶棚是现代室内装饰处理的主要部位，它是室内空间除墙体、地面以外的另一主要部分。它的装饰效果优劣，直接影响整个建筑空间的装饰效果。顶棚还起吸收和反射音响、安装照明、通风和防火设备的功能。

二、吊顶的作用

（1）防止水气浸润和油烟散乱，好做清洁，如卫生间和厨房的吊顶。
（2）通过造型类变化空间，实现艺术创作，如客厅、餐厅、卧室的吊顶。
（3）隐藏灯光，使灯具的反射光表现柔和自然，模仿自然光。
（4）隐藏管线。
（5）当屋顶不水平，外观倾斜时，可以通过吊顶来调整达到水平状态。

三、吊顶的形式

1. 直接式顶棚

直接式顶棚是指在楼板顶面直接喷浆和抹灰，或粘贴其他装饰材料，一般用于装饰性要求不高的住宅、办公楼等民用建筑。

2. 悬吊式顶棚

悬吊式顶棚又名吊顶、顶棚、天花板、平顶，是室内装饰工程的一个重要组成部分。它具有保温、隔热、隔声和吸声作用，还可以增加室内的亮度和美观。对于设计空调的建筑，它也是节约能耗的一个根本途径。

任务实施

由于组合吊灯较重，所以需要首先在楼板上预埋吊钩，在吊钩上安装过渡件，然后进行灯具的组装。当灯具较小，质量较轻时，也可用钩形膨胀螺栓固定过渡件，如图 1.35 所示。注意，每个膨胀螺栓的理论质量限制在 8 kg 左右，20 kg 最少应该使用 3 个膨胀螺栓。同时，应安装固定好接线盒。由于组合吊灯的配件比较多，所以组装灯具一般在地面上进行。为防止损伤灯具，可在地面上垫一张比较大的包装纸或布。

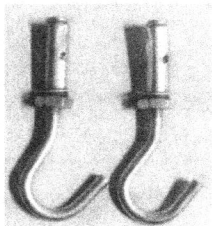

图 1.35　钩形膨胀螺栓

组合吊灯五件套配件如图 1.36 所示。

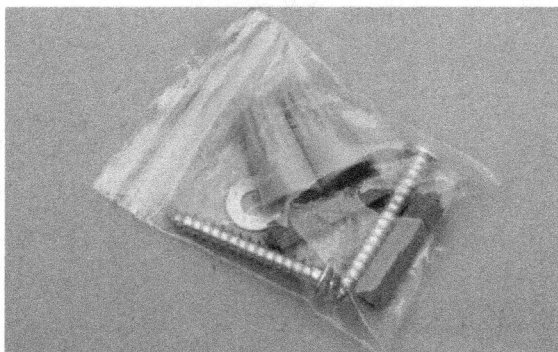

（a）五金包（内含垫片、木牙螺钉、胶塞、接线端子）

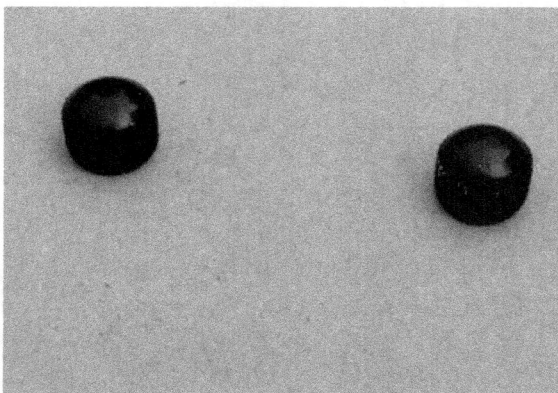

（b）装饰螺帽

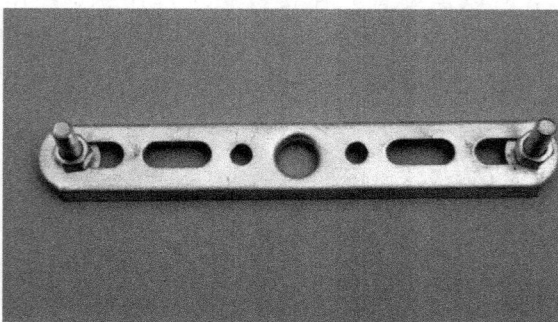

（c）挂板、螺杆、螺母

图 1.36　组合吊灯五件套配件

（d）天蓬盖背面图

（e）配件折叠形状

图 1.36 组合吊灯五件套配件（续）

安装步骤如下所示。

（1）把图 1.36（e）中的配件按折叠形状展开，按间隔比例掰正，如图 1.37 所示。

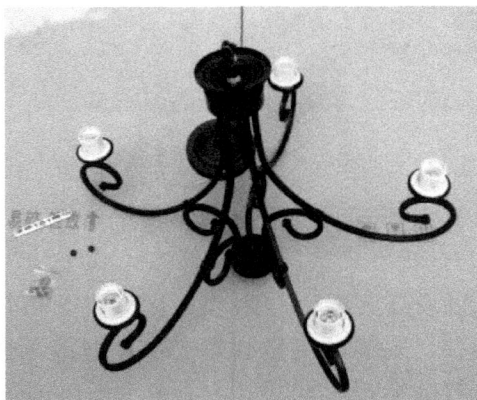

图 1.37 配件展开形状

（2）把图 1.36（c）中的挂板取下，用木牙螺钉固定到天花上接好线，如图 1.38 所示。

图 1.38　接线

（3）把天蓬盖孔对准挂板螺钉穿过，拧紧装饰螺帽，如图 1.39 所示。

图 1.39　组装天蓬盖

（4）安装灯罩，如图 1.40 所示。拧下锁环，放上灯罩，再把锁环拧紧，固定好灯罩，最后装光源。

以上步骤是安装大型吸顶灯具或大型吊灯、大型组合吊灯的通用方法。安装前要做好完善的材料及工具准备，安装时要做到每一步都细致入微，只有这样才能有效地完成安装工作，并且可以放心地使用灯具。

图 1.40　安装灯罩

想一想

（1）吊灯的功能是什么？

（2）吊灯的形式有哪些？

任务六　壁灯的安装

任务描述

　　壁灯可将照明灯具艺术化，达到亦灯亦饰的双重效果；壁灯能对建筑物起画龙点睛的作用；壁灯能渲染气氛、调动情感，给人一种华丽高雅的感觉。一般来说，人们对壁灯的亮度要求不太高，但对其造型美观与装饰效果要求较高。有的壁灯的造型格调与吊灯是配套的，可使室内达到协调统一的装饰效果，如图 1.43 所示。

图 1.43　壁灯

本任务对壁灯进行安装。

学习目标

　　（1）知道壁灯的安装高度与场合。
　　（2）知道壁灯的种类。
　　（3）能够正确安装壁灯。

知识拓展

一、壁灯的安装场合

壁灯常用的光源有白炽灯、日光灯和节能灯。常见的壁灯有床头壁灯、镜前壁灯、普通壁灯等。床头壁灯大多装在床头的左上方，灯头可万向转动，光束集中，便于阅读；镜前壁灯多装饰在盥洗间镜子附近。

二、壁灯的安装高度

壁灯的安装高度一般为距离地面 2240～2650 mm。卧室的壁灯距离地面可以近些，大约为 1400～1700 mm，其安装高度略超过视平线即可。壁灯挑出墙面的距离大约为 95～400 mm。

三、壁灯的种类

壁灯可以分为很多种类，如图 1.44 所示。

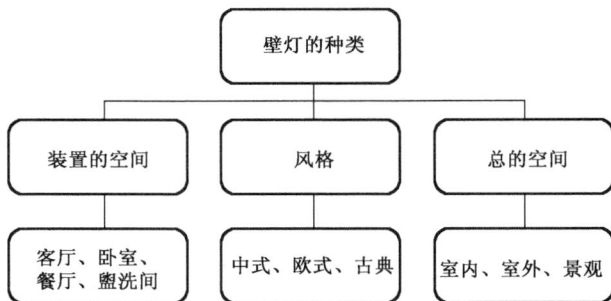

图 1.44　壁灯的种类

任务实施

壁灯的安装方法比较简单，待其位置确定好后，主要是固定壁灯底座。一般采用打孔的方法，通过膨胀螺栓将壁灯固定在墙壁上，如图 1.45 所示是已经安装好的壁灯效果。

图 1.45　已经安装好的壁灯效果

壁灯的安装步骤具体如下：

（1）根据设计图纸，确定壁灯的安装位置；

（2）把壁灯底座放到墙面，用铅笔画好孔的位置；

（3）按照底座安装孔位，用电锤在墙面上打眼；

（4）在打好眼的地方放入膨胀管，用以固定螺钉；

（5）把底座贴到墙面上，调整好水平位置，安装螺钉；

（6）将电源线压入灯箱内的接头里；

（7）根据说明书，将壁灯灯体安装在底座上；

（8）安装光源。

卧室灯具最好采用两地控制，安装在门口的开关和安装在床头的开关均可控制顶灯和壁灯，即实现顶灯和壁灯两地开关控制，这样使用起来非常方便。

想一想

（1）壁灯的种类有哪些？

（2）壁灯的安装步骤有哪些？

项目 二 家庭常用电器设备的安装

▶▶▶▶

家居用电设备比较多，有的用电设备不需要电工安装，用户自己就可以安装，如电视机、洗衣机、电冰箱等；有的用电设备需要电工安装后才可正常使用，如浴霸、抽油烟机、电热水器、吊扇、换气扇等。

任务一　吊扇的安装

▣ 任务描述

吊扇在家庭常用电器设备中非常常见，本任务对吊扇进行安装。

▣ 学习目标

（1）能够查阅安装吊扇的技术要求。
（2）能够正确、安全安装吊扇并调试。
（3）知道普通吊扇的安装方法。

▣ 知识平台

一、安装吊扇的技术要求

（1）吊扇吊钩应安装牢固，吊扇吊钩的直径不应小于吊扇悬挂销钉的直径，且不得小于 8 mm。一般用直径为 8～10 mm 的钢筋做吊钩。
（2）吊扇悬挂销钉应装设防震橡胶垫；销钉的防松装置应齐全、可靠。

（3）吊扇扇叶距地面高度不宜小于 2.5 m，因为太低了容易伤人，如图 2.1 所示。扇叶与天花板的距离应不小于 400～500 mm，以免影响扇叶的叶背气流，降低风量。叶片在 60 cm 范围内最好没有任何障碍物。

（4）吊扇组装时，应符合下列要求：

① 调速开关应该与吊扇配套；

② 严禁改变扇叶角度；

③ 扇叶的固定螺钉应装设防松装置；

④ 吊杆之间、吊杆与电动机之间的螺纹连接，其啮合长度每端不得小于 20 mm，且应装设防松装置；

⑤ 吊扇应接线正确，运转时扇叶不应有明显的颤动。

图 2.1　吊扇安装高度示例

二、普通吊扇的安装

在安装普通吊扇前，应先将扇头（带吊臂）安装妥当，接好线路，再将扇叶固定在扇头上（扇叶的凹面应向下）。如果先固定扇叶再装扇头，不但妨碍安装，而且容易造成扇叶变形。普通吊扇的安装如图 2.2 所示。

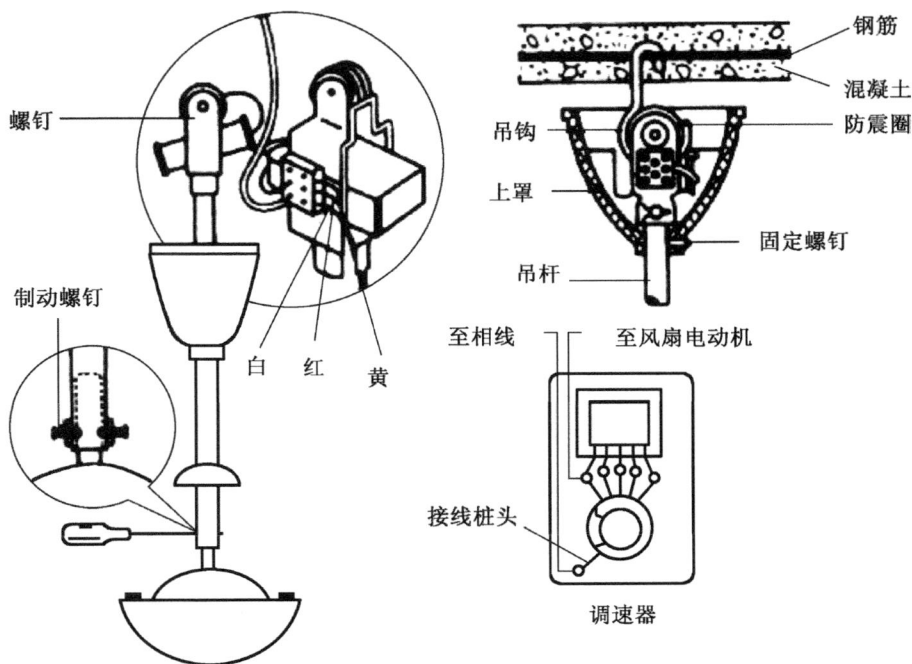

图 2.2　普通吊扇的安装

安装扇叶涉及使用者的人身安全，因此必须用附带的螺钉和垫片把每一个扇叶紧固在电动机上。

普通吊扇的接线如图 2.3 所示，图中 1, 2, 3 引出线的颜色为红、黄、白或红、绿、黑等。不同牌号的吊扇，引出线的颜色可能不同。

吊扇安装好并检查无误后，即可通电试运转。如果发现存在转速慢、反转、停转等毛病，应及时断电检查接线是否正确。

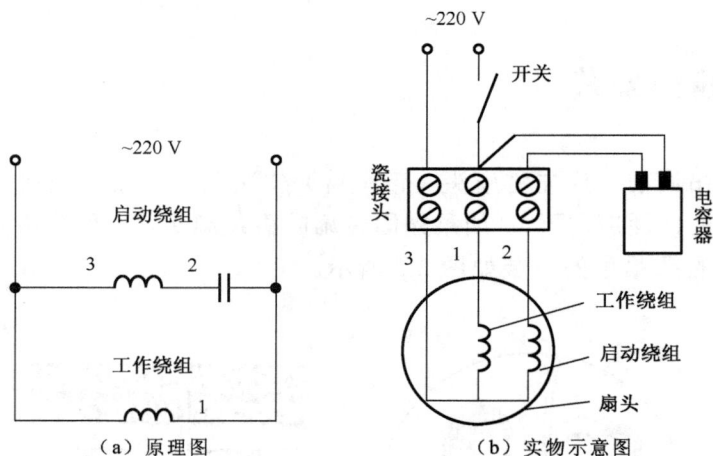

图 2.3　普通吊扇的接线

任务实施

小组合作完成吊扇的安装与检修。

一、准备工作

1．吊扇安装前的准备

（1）关闭电源，锁上配电箱，防止有人意外地打开电源。

（2）用测电笔测试电路，确保电源已经关闭。

（3）戴上眼镜和防尘口罩，防止灰尘进入眼睛与口腔。

（4）准备好工具和材料，包括人字梯、螺丝刀、电工刀、测电笔、活络扳手和绝缘胶带等。

（5）认真阅读安装说明，并检查吊扇的零配件是否齐全，检查扇叶各部件是否有明显变形，如图 2.4 所示，如果扇叶稍有变形就会使电风扇运转不稳，噪声增大。

2．吊钩的安装

吊扇在运转时，连杆会有一定幅度的摆动，因此在吊扇连杆顶端处设置有一个橡胶或塑料轮，通过这个轮与天花板上的钢质吊钩连接，可确保吊扇运转时有一定的"自由度"。

1）在空心预制板上安装吊钩

在需要安装吊钩的空心预制板处打一个直径为 40 mm 左右的孔，放入直径为

10 mm、长 100 mm 的钢筋，用自制的吊钩与钢筋相连接，如图 2.5（a）所示；也可以放入一条长 100 mm、截面积为 20 mm×5 mm 的扁铁，在扁铁的中心打一个通孔，并套上不小于 M8（应与吊钩配套）的螺纹，同时在孔的上方焊一个 8 mm 的螺帽，最后将吊钩旋在铁板的螺纹孔内，如图 2.5（b）所示。

图 2.4　检查吊扇的零配件有无质量问题

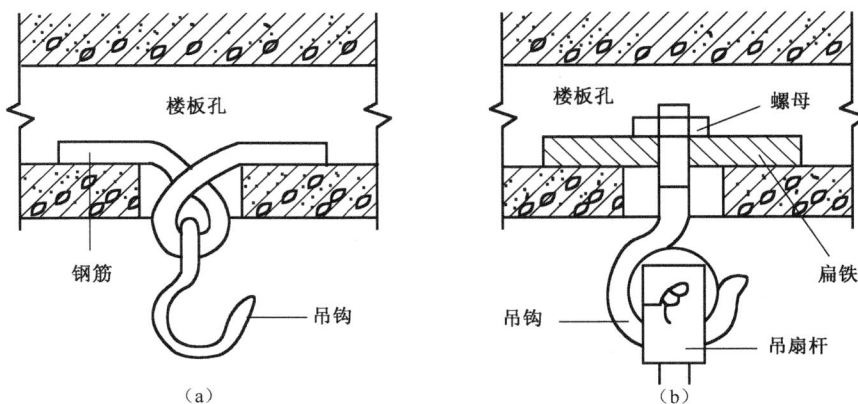

图 2.5　在空心预制板上安装吊钩

2）在预制梁上安装吊钩

用 40 mm × 3 mm 扁钢按如图 2.6 所示的形状做好吊钩架。吊钩架的底宽应按梁底宽度制作，架高按梁高（梁顶至梁底）的 1/2 加 100 mm 制作；安装孔应按梁高的 1/2 加 50 mm 加工，且吊钩安装孔应钻在架底的中点。吊钩与架底的组合可采用两个螺母加平垫圈和弹簧垫圈来紧固，也可采用焊接固定。吊钩与梁壁的组合既可采用通孔螺栓来固定，也可采用梁壁两侧相对各装一个金属膨胀螺栓来固定。

3）在混凝土天花板上安装固定座及吊球架

带灯具的高档豪华吊扇，一般配置有固定座及吊球架。可先用 8 mm 钻头钻孔，再用 M6 膨胀螺栓将它们安装在混凝土天花板上，如图 2.7 所示。

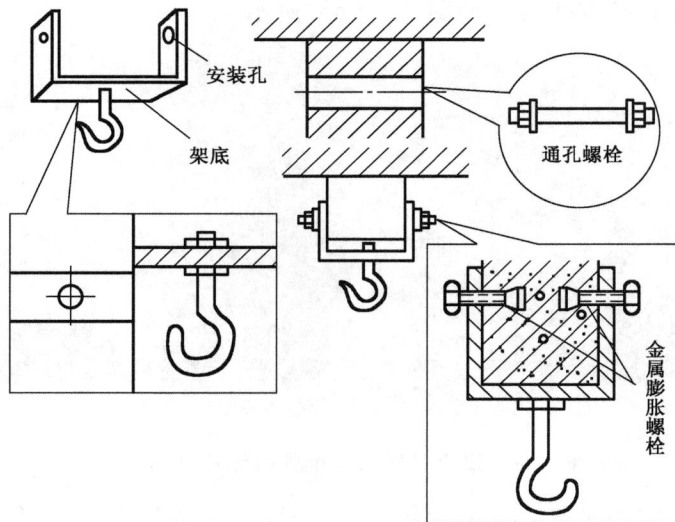

图 2.6　在预制梁上安装吊钩

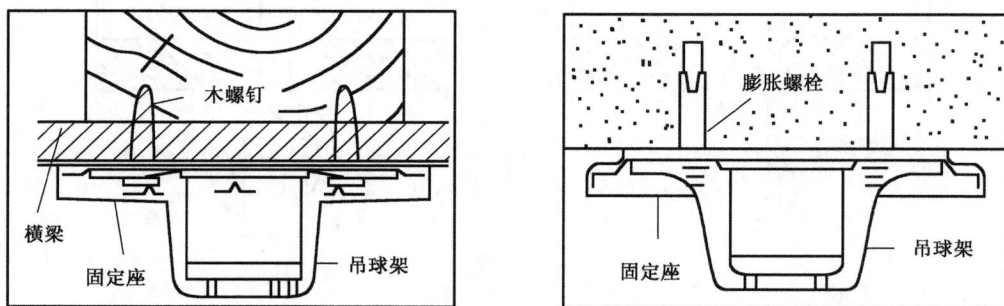

图 2.7　在混凝土天花板上安装固定座及吊球架

想一想

（1）安装吊扇有哪些技术要求？

（2）普通吊扇如何连接电源线？

（3）豪华吊扇灯的布线方案有哪几种？

任务二　换气扇的安装

任务描述

一般来说，在家庭厨房、卫生间等空气流通不畅的场所，需要安装换气扇。本任务对换气扇进行安装。

学习目标

（1）知道换气扇的作用及安装场所。
（2）能够在不同场所正确安装换气扇。

知识平台

一、换气扇介绍

换气扇是由电动机带动扇叶旋转驱动气流，使室内外空气交换的一类空气调节电器，又称通风扇。换气的目的就是除去室内的污浊空气，调节温度、湿度和舒适度。换气扇的种类很多，常见的家用换气扇如图 2.8 所示。换气扇既可以安装在窗户上，也可以安装在墙壁上，其安装方法应根据安装位置的具体条件决定。

金属

图 2.8　常见的家用换气扇

换气扇的安装高度应距离地面 2.3 m 左右。对于单向换气扇，只要拉动开关，电动机便会按逆时针方向运转，同时百叶窗自动打开，进行排气。对于双向换气扇，当排气功能运转后，再拉开关，电动机则顺时针方向运转，进行吸气；第三次拉动开关后，百叶窗与电动机同时关闭，能防尘、阻雨、遮阳、挡风。

任务实施

一、在墙壁上安装换气扇

先在墙壁上开洞，再在洞内嵌入一个木框（木框的尺寸与洞口基本一致），然后用木楔把木框固定牢固，四周用水泥砂浆封固。待水泥砂浆干燥后，把换气扇嵌入木框中，将木螺钉穿过换气扇框上的安装孔拧在木框上，如图 2.9 所示。

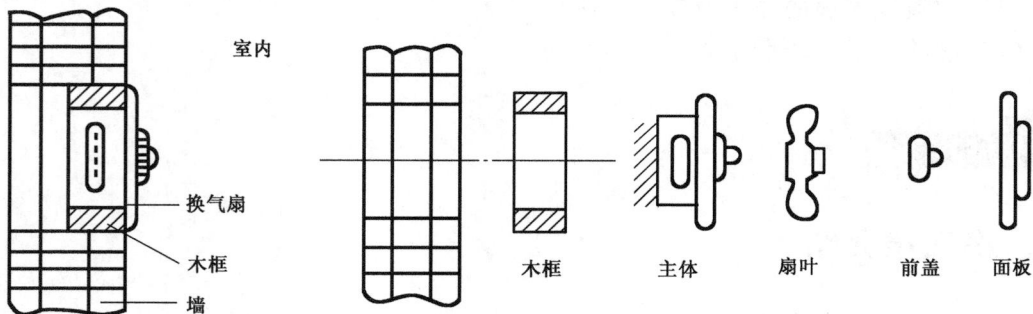

图 2.9　在墙壁上安装换气扇

二、在窗户上安装换气扇

1. 在木窗框上安装

根据换气扇的尺寸将窗玻璃取下一块，装好换气扇后，将空余的部分用纤维板或胶合板封住。如果木窗框太小，可用凿刀适当扩大，再用木螺钉穿过换气扇框上的安装孔，将换气扇拧紧固定在木窗框上。

2. 在钢窗框上安装

在钢窗框上安装换气扇时，同样先取下或割下一块玻璃，再另做一个木框镶套在钢窗框内，如图 2.10 所示。木框内围尺寸与换气扇框架尺寸相同，木框厚度不小于 20 mm。另外，取 4 块刚性较强的长条形金属板，宽约为 20 mm，厚为 2～3 mm、长度可根据窗框大小确定，只要金属板长度超出窗角即可。在金属板中心钻小孔，以便穿过螺栓。在木框四角确定好钻孔的位置后钻出 4 个小孔。

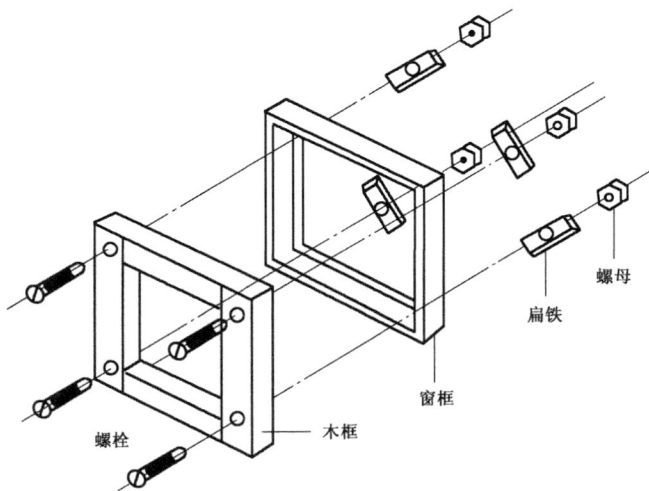

图 2.10　在钢窗框上安装换气扇

　　安装时，先将木框嵌入钢窗框内，从木框外侧穿上长度合适的螺杆，再从钢窗框内侧套上 4 块金属板，使金属板卡在钢窗框角的两边，然后旋紧螺母。旋紧螺母时应使四边受力均匀，这样金属板就与木框紧紧夹住了。最后用木螺钉将换气扇固定在木框上。

　　3．在吊顶上安装换气扇

　　在卫生间、厨房等场所，常常需要在吊顶上安装换气扇，如图 2.11 所示。先在吊顶上打 4 个孔并钉上木楔，再钉上龙骨，然后钉一个木框，把换气扇安在木框上，最后把木框钉在龙骨上即可。

图 2.11　在吊顶上安装换气扇

想一想

怎样在钢窗框上安装换气扇？

任务三　电热水器的安装

任务描述

家庭常用储水式电热水器，其安装方便，价格不高，但需加热较长时间，达到一定温度后方可使用。本任务对不同种类的电热水器进行安装和调试。

学习目标

（1）能够正确选择电热水器的安装位置。
（2）知道电热水器的种类。
（3）能够正确安装不同种类的电热水器。

知识平台

一、电热水器安装位置的选择

电热水器应该根据用户的环境状况并综合考虑下述因素进行安装。

（1）避开易燃气体发生泄漏的地方或有强烈腐蚀气体的环境。

（2）避开强电、强磁场直接作用的地方。

（3）避开易产生振动的地方。

（4）尽量缩短电热水器与取水点之间连接的长度。

（5）电热水器的安装位置应考虑到电源、水源的位置，在水可能喷溅到的地方，电源应有防水措施。

（6）为便于日后维修、保养、更换、移机和拆卸，电热水器的安装位置必须预留出一定的空间。

（7）I类热水器（器具不仅带有基本绝缘，还带有附加的安全防护措施。其安装方法是将易触及的导电部件与已安装在固定线路中的保护接地导线连接起来，使易触及的导电部件在基本绝缘损坏时不成为带电体）的安装必须有独立的插座及可靠接地。

（8）电热水器安装挂架（钩）的承载能力应不小于热水器注满水质量的 2 倍。其安装面与安装架（钩）与热水器之间的连接应牢固、稳定、可靠，确保安装后的热水器不滑脱、翻倒、跌落。

任务实施

一、安装前的准备

1. 储水式电热水器的安装

储水式电热水器是指将水加热的固定式器具，它可长期或临时储存热水，并装有控制或限制水温的装置。

（1）定位钻孔，悬挂电热水器。在墙面上定位，确定钻孔的位置，用电锤打孔，再打入膨胀螺栓，把挂板安装好，然后将电热水器悬挂在墙面上，如图 2.12 所示。

（a）定位做好标记

（b）用冲击钻打孔

（c）定位做好标记

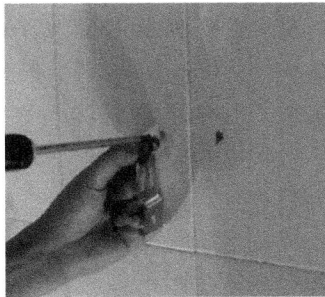
（d）用冲击钻打孔

图 2.12　定位钻孔

（2）水路安装。安装水路时，只需要用专用螺钉将挂钩固定在墙上，挂上热水器，然后将混合阀安装到有阀门的自来水管上，混合阀与热水器之间用进出水管、螺母、密封圈连接。在管道接口处都要使用生料带，以防漏水，同时安全阀不能旋得太紧，以防损坏。当进水管的水压与安全阀的泄压值相近时，应在远离热水器的进水管道上安装一个减压阀。

（3）清洗系统。水路安装完毕后，先要清洗一下整个系统，再将电路安装好。具体方法是：关冷水阀，开热水阀，打开自来水管，让冷水注入水箱，当混合阀有水流出时，可加大流量，对水箱管路进行冲洗，再开冷水阀，冲洗阀体内部的通路，然后接上淋浴花洒。

（4）电路安装。在离电热水器适当远、高出地面 1.5 m 以上的地方装电源插座或空气开关，如图 2.13 所示，再打开热水器外壳，接好电源线。

图 2.13　安装电热水器的电源插座

注意：要根据功率的大小选择合适的电源线，并接好地线。

2．即热式电热水器的安装

即热式电热水器又称为快热式电热水器/快速电热水器和直热式电热水器。"即热"是指开水和电之后就有热水出来。因不用提前预热，所以即热式电热水器没有预热时的热能量散失，用时打开，不用时就关闭，用多少水就放多少水，也没有储水式热水器多加热的未用的剩余热水的能量消耗，真正做到了节能、省电、省水。一般来说，即热式电热水器比传统电热水器省电 30%～50%，因此国家把这类热水器划为节能产品。

即热式电热水器既可以安装在厨房，也可以安装在卫生间。其安装要求为：需要 $4\,\mathrm{m}^2$ 以上的铜芯线作为供电线路，电能表的额定电流在 30 A 以上。

二、安装步骤及方法

（1）定位钻孔，安装挂板。安装方法可参考储水式电热水器中的相关介绍。

（2）安装主机，并将电热水器安装在挂板上，如图 2.14 所示。

（3）连接进水管。进水管要加装过滤网，过滤网一定要垫平，与调温安全阀相连接，再连接到热水器的进水口，并拧紧螺母。进水管的一端与主水管相连接，另一端与调温安全阀相连接。

图 2.14　安装主机

即热式电热水器必须在进水门处安装过滤网，这是因为自来水里有少量的杂物，会卡住浮磁（干烧、不加热）或堵塞花洒（出水越来越小）。如果过滤网堵塞，会使流量降低、出水变小，浮磁不动作，电热水器无法加热。电热水器使用一段时间后拆下过滤网进行清洗，即可再次使用。

（4）安装花洒。对准缺口，插入滑竿，将升降杆安装在电热水器的左侧，并用螺钉固定，然后盖上盖帽，再拧上喷头，如图 2.15 所示。

（a）安装升降杆

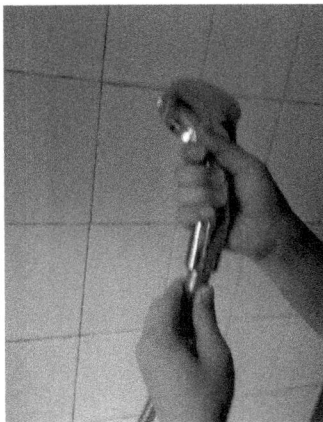

（b）拧上喷头

图 2.15　安装花洒

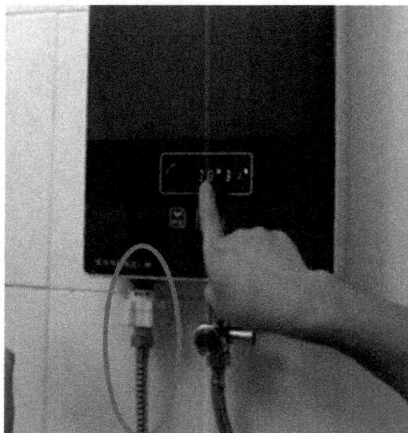

（c）与电热水器出水口相连

图 2.15　安装花洒（续）

（5）连接空气开关。将电热水器的电源线连接到空气开关上，如图 2.16 所示。要求采用 4 m^2 以上的铜芯线。同时，注意连接好接地线，装好开关面板。

（6）通电测试。合上空气开关，接通电源，先通水，再打开电热水器的电源，根据需要调节温度（一般 40℃左右的温度比较合适）。

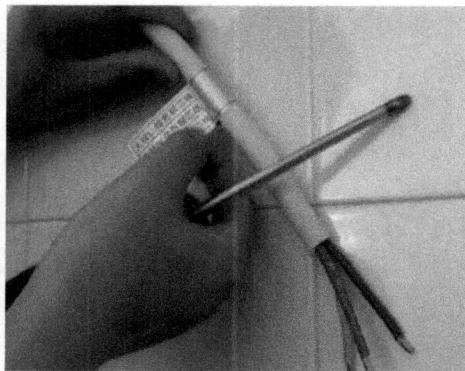

图 2.16　电源线与空气开关相连接

想一想

（1）如何确定电热水器的安装位置？

（2）如何安装储水式电热水器？

任务四　浴霸的安装

任务描述

浴霸是许多家庭沐浴时首选的取暖设备，它是通过特制的防水红外线灯和换气扇的巧妙组合将浴室的取暖、红外线理疗、浴室换气、日常照明、装饰等多种功能结合于一体的浴用小家电产品。本任务对吸顶式浴霸进行安装。

学习目标

（1）知道浴霸的功能及种类。
（2）能够查阅浴霸接线的技术要求。
（3）能够解决使用和安装浴霸时遇到的问题。
（4）能够查阅正确安装浴霸的要求。
（5）能够正确安装吸顶式浴霸并使用。

知识平台

一、浴霸的功能及种类

目前，市场上销售的浴霸按其发热原理可分为三种，如表 2.1 所示。

表 2.1　不同发热原理的浴霸及特点

种　　类	特　　点
灯泡系列浴霸	以特制的红外线石英加热灯泡为热源，通过直接辐射加热室内空气，不需要预热，可在瞬间获得大范围的取暖效果
PTC 系列浴霸	以 PTC 陶瓷发热元件为热源，具有升温快、热效率高、不发光、无明火、使用寿命长等优点，同时具有双保险功能，非常安全可靠
双暖流系列浴霸	采用红外线辐射和 PTC 陶瓷发热元件联合加热，取暖更快，热效率更高

按浴霸安装方式的不同来分，目前市场上的浴霸主要分为壁挂式和吸顶式两种，如表 2.2 所示。

表 2.2　不同安装方式的浴霸及特点

种　　类	特　　点	安 装 条 件	图　　示
壁挂式浴霸	采取斜挂方式固定在墙壁上的浴霸，分为灯暖和灯、风暖合一两种，包括灯暖、照明、换气的功能。灯、风暖合一的浴霸在灯暖之外增加了风暖，可通过开关调节风的温度，既可吹热风送风暖，夏天还可吹自然风，将头发或身上的水自然吹干	对安装没什么限制，无论新房老房、正装修或已经装修完的房子都可以安装壁挂式浴霸	
吸顶式浴霸	固定在吊顶上的浴霸，分为灯暖型、风暖型、灯风暖型三种，包括灯暖或风暖、照明、换气的功能，有些款式还具有防止房屋过于潮湿的干房技术。由于直接安装在吊顶上，所以吸顶式浴霸比壁挂式浴霸节省空间，更美观，沐浴时受热也更全面均匀，更舒适	适宜新房装修或二次装修时安装；对吊顶有一定的厚度要求，有的还要求其厚度达到 18 cm 甚至 20 cm；浴室内要有多用插头。如果浴室内没有多用插头，则需要外接插头，此时安装线路只能走明线，固定在墙上，不甚美观，也存在一定安全隐患	

现在市面上的浴霸有蝶形、星形、波浪形、虹形、宫形等多种造型，主要有 2 个、3 个和 4 个取暖灯泡的，其适用面积各不相同。一般 2 个灯泡的浴霸适合于 4 m² 左右的浴室，四个灯泡的浴霸适合于 6～8 m² 的浴室。

二、浴霸接线的技术要求

（1）在安装接线之前，应仔细查看说明书或机体上的电气接线图，理清电路后再进行接线。导线的连接应牢固、可靠，电接触良好，机械强度足够，耐腐蚀、耐氧化，且绝缘性好。

（2）接开关及接线柱上的所有线头剥削要控制在 6～10 mm 之间，其他线头剥削按实际需要的长度进行。开关线头不宜过长，一般不要超过 100 mm，如果太长应剪掉多余部分。开关接线完毕后应将电线尽可能往线管里送，将电线理顺后再固定好开关。

（3）无论是单股或多股芯线的线头，在接开关及接线柱插入针孔时，一要注意插到底；二是不得使绝缘层插进针孔，且针孔外的裸线头的长度不得超过 3 mm。同一接线端子最多允许接两根相同类型及规格的导线。

（4）禁止将零线接入开关线路内，且不得将浴霸、开关的线路随意更改，不得对电器电路进行试验。

（5）有自动打开换气功能对箱体进行降温的浴霸，其相线（火线）应先从机器接入，禁止直接从开关内接入，以免换气功能不能自动打开。

（6）根据各功能的相对应颜色将互连软线或事先预埋导线接入接线柱或开关接线柱孔内，且必须紧固接线，但也要防止用力过大使螺栓接线柱端滑扣。若发现已滑扣的螺栓或接线柱端子，要及时更换。

（7）浴霸所配备的所有二芯插头线仅供试机使用，正式安装时应拆掉。安装浴霸的电源线根据安装的具体型号要求必须能承载 10 A 或 15 A 以上的负载；电源线至少要采用 1.5～2.5 mm^2 之间的单芯铜线。

（8）确保使用与浴霸原配型号相同的开关。特别是风暖型浴霸，必须使用带有吹风、风暖字样的开关；有高、低速换气的浴霸，必须使用有高、低单键转换的开关。因开关本身有许多连接电路，所以禁止随意借用、代用。禁止将浴霸、通风扇的高速和低速并在一起或高、低速同时开启。必要时，在用户知情并同意的情况下，可以取消其中一个高速或低速。

（9）接线后应对所有连接进行检验，检查连接是否正确，并重新紧固所有螺钉。

（10）浴霸应可靠接地或与卫浴间的其他设施一起做等电位连接，若没有接地装置应在验收卡上确认免责任。禁止将中性线（零线）当接地线使用。

三、浴霸常用电线颜色与功能对照

浴霸常用电线颜色与功能对照如表 2.3 所示。

表 2.3　浴霸常用电线颜色与功能对照表

序号	芯 线 颜 色	对 应 功 能	线径要求(mm)
1	蓝色	中性线	1.5
2	棕色	火线	1.5
3	白色	风暖1	1
4	红色	灯暖	1
5	黄色	换气	0.75
6	黑色	吹风	0.75

序号	芯 线 颜 色	对 应 功 能	线径要求(mm)
7	橙色	风暖2	0.75
8	绿色	负离子	0.5
9	绿色	低速	0.75
10	绿色	导风	0.5
11	灰色	照明	0.75
12	黄绿色	接地	1
说明:本表中的线径是以目前浴霸主机相同颜色中较粗的一款为准的			

四、使用和安装浴霸的几个具体问题

（1）浴霸电源配线系统要规范。浴霸的功率最高可达 1100 W 以上，因此，安装浴霸的电源配线必须是防水线，且最好是不小于 1 mm² 的多丝铜芯电线。所有电源配线都要走塑料暗管镶在墙内，绝不允许有明线设置。浴霸电源的控制开关必须是带防水的 10 A 以上容量的合格产品。

（2）浴霸的厚度不宜太大。在选择浴霸时，浴霸的厚度不能太大，一般在 20 cm 左右即可（因为浴霸要安装在吊顶上，如果浴霸太厚，吊顶高度必然要降低，整个室内的空间就小了）。

（3）浴霸应装在浴室的中心部。很多家庭将其安装在浴缸或淋浴位置上方，这样表面看起来冬天升温很快，但却有安全隐患。这是因为红外线辐射灯升温快，离得太近容易灼伤人体。正确的方法应该是将浴霸安装在浴室顶部的中心位置或略靠近浴缸的位置，这样既安全又能使功能最大程度地发挥，如图 2.17 所示。

（4）浴霸工作时禁止用水喷淋。虽然浴霸的防水灯泡具有防水性能，但机体中的金属配件却做不到这一点，也就是说，机体中的金属仍然是导电的，如果用水泼会引发电源短路等危险。

（5）忌频繁开关和周围有振动。平时使用时不可频繁开关浴霸，且浴霸在运行中切忌周围有较大的振动，否则会影响取暖灯泡的使用寿命。若运行中出现异常情况，应立即停止使用。

（6）要保持卫生间的清洁干燥。洗浴完后，不要马上关掉浴霸，要等浴室内的潮气排掉后再关机；平时也要经常保持浴室通风、清洁和干燥，以延长浴霸的使用寿命。

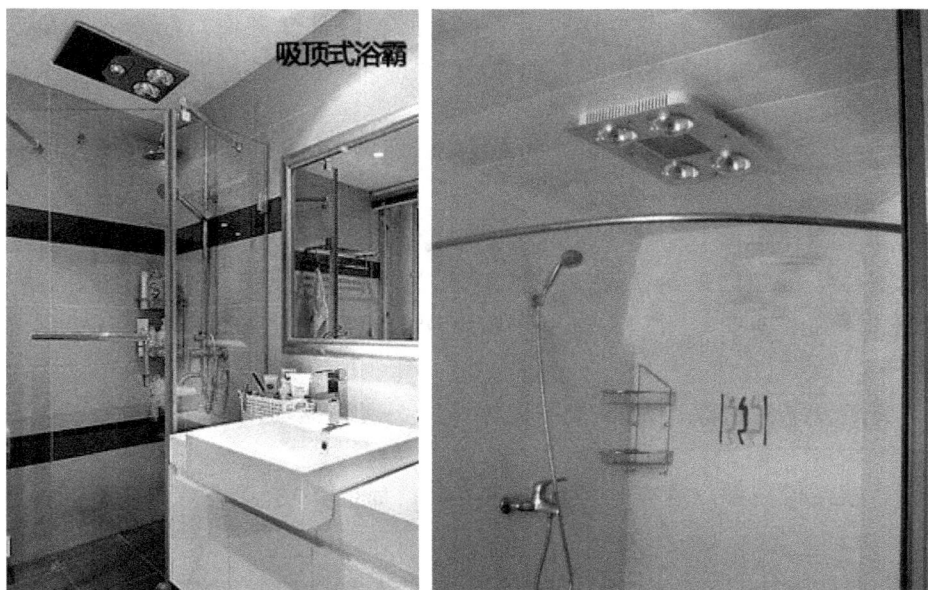

图 2.17　将浴霸安装在浴室的中心部

五、浴霸安装的技术要求

（1）主机固定时不应有歪斜现象，安装时必须紧固膨胀螺栓。

（2）在吊顶上安装时必须让浴霸面罩四周紧贴吊顶，缝隙不应超过 2 mm。

（3）吊顶的开孔尺寸不准大于样板尺寸 8 mm；对于夹层空间不足的吊顶开孔，应使安装完毕后的浴霸周边缝隙不超过 3 mm。

（4）吊顶安装后，浴霸距地面的距离应为 2.1～2.3 m（用户有特殊要求的除外）。

（5）2.5 m 以上的空间必须使用安装支架，如果用户坚持不用支架，则需向用户声明浴霸安装过高会影响使用效果。使用支架安装时必须增加弹簧垫圈、平垫。

（6）铁丝吊装时最少打两个膨胀螺栓，吸顶安装时应将铁丝分开呈人字形，由底盖穿入机体内，并在机体内的照明灯座固定板上各绕两圈以上。带换气的浴霸在安装时，应在浴霸两侧至少各打一个膨胀螺栓，并将铁丝拧紧在膨胀螺栓上并分成人字形，再从机体两侧下沿的固定孔穿出，在下沿内将铁丝两头拧在一起，不允许将铁丝穿出后自缠固定。

（7）浴霸机体必须压住挂板，绝不允许挂板压住浴霸机体。

（8）带排风功能的浴霸必须安装挡风窗，并且将挡风窗方向摆正，紧固在排风烟道中。排风管应尽量拉直，少打弯，必须打弯时，应使其圆滑，防止"死角"产生风阻；如果需对排风管进行加长连接，必须把两根排风管按螺纹方向旋紧，不允许直接用胶带进行黏结。

（9）浴霸机体、开关内各接线柱的固定螺钉必须拧紧（包括出厂前与安装中的所有螺钉）。

（10）膨胀螺栓不准有悬挂在屋顶上的现象。

（11）空心楼板必须采用铁丝穿孔绞接方式或使用"飞机夹"。

（12）壁挂式浴霸安装后，浴霸下沿距地面的距离必须为 1.7～1.8 m（用户有特殊要求的除外）。

（13）明装开关盒应最少用两个自攻螺钉固定，底盒与地面的平行度应控制在 1～1.5 mm 之间。

（14）必须使用浴霸厂提供的原配电源开关，如图 2.18 所示，且开关应安装在距地面 1.4～1.5 m 的位置。

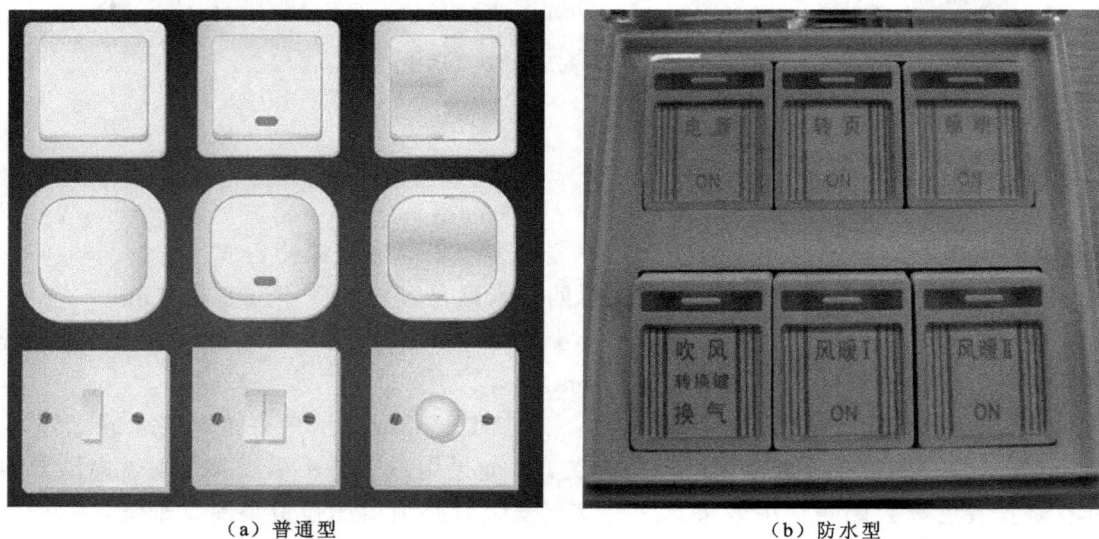

（a）普通型　　　　　　　　　　　　　　（b）防水型

图 2.18　浴霸的电源开关

（15）接电源前，必须先断开电源，拉掉刀闸或拔掉保险，再用试电笔检查，在确认无电的情况下方可接电源。严禁带电作业。如果在电源实在断不开的情况下必须作业时，必须戴绝缘手套，且接电源时必须有人监护，若一人出外工作，可请用户协助监护。

（16）接线时，必须将两个线头牢固拧接，不允许有虚接、挂接现象，并且要做好绝缘；接头处的胶布应半压两圈以上缠绕；浴室中的绝缘部分必须先用防水胶布进行包扎，然后再用绝缘胶布包扎。有接地线的必须将接地线接入机体。严禁将试机线作为电源线长时间使用，且不得将电源线接在试机线上使用。

（17）无法在墙外安装通风窗的（二楼以上），可把通风窗从墙内固定在通风孔内。

（18）浴霸机体接线完成后，必须安装接线端防护罩。

（19）对于有智能保护的系列浴霸，电源必须先进主机再进开关。

（20）安装面罩、取暖灯、照明灯之前必须先进行擦拭再进行安装。

（21）安装之后必须清理安装现场。

任务实施

吸顶式浴霸的安装如下。

1. 安装前的准备工作

（1）开通风孔。确定墙壁上通风孔的位置（应在吊顶上方，略低于器具离心通风机罩壳出风口，以防止通风管内结露，水倒流入器具），在该位置开一个圆孔。

（2）安装通风管。通风管的一端套上通风窗，另一端从墙壁外沿通气窗固定在外墙出风口处，且通风管与通风孔的空隙处用水泥填封，如图 2.19 所示。通风管的长度一般为 1.5 m，在安装通风管时要考虑浴霸安装的位置中心至通风孔的距离不得超过 1.3 m。

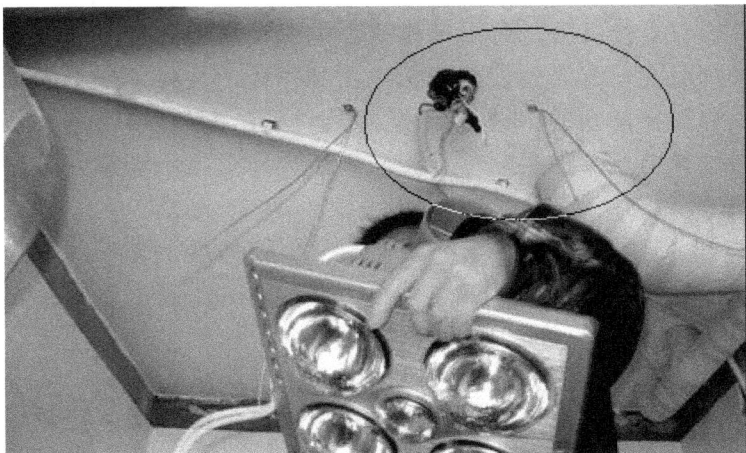

图 2.19　安装通风管

（3）确定浴霸的安装位置。为了取得最佳的取暖效果，浴霸应安装在浴室中心部上方的吊顶上。吊顶用天花板要使用强度较佳且不易共鸣的材料。安装完毕后，灯泡离地面的高度应在 2.1～2.3 m 之间。过高或过低都会影响使用效果。

（4）吊顶。如图 2.20 所示，铺设安装龙骨（吊顶与房屋顶部形成的夹层空间高度不能少于 220 mm），按照箱体实际尺寸在吊顶上浴霸的安装位置切割出相应尺寸的方孔（方孔边缘距离墙壁应不少于 250 mm）。

图 2.20　做吊顶

吊顶等工序属于木工的工作，在此过程中，电工的任务是确定浴霸的安装位置及高度。在吊顶上开孔时，注意边线与墙壁应保持平行，否则会影响安装后的整体效果。

现在比较流行的集成吊顶是将吊顶模块与电器模块均制作成标准规格的可组合式模块，在安装时集成在一起。也就是说，电器和挂板的规格是一样的，这就解决了电器和挂板规格不合需要开孔的问题，即集成电器安装时不需要在挂板上开孔，只需要占用一块挂板的位置而已。如果电器位置固定后客户觉得不满意，可随意变换位置。

2．把浴霸固定在吊顶板上

（1）取下面罩。把所有灯泡拧下，将弹簧从面罩的环上脱开，并取下面罩。在拆装红外线取暖灯泡时，手势要平稳，切忌用力过猛，并将灯泡放置在安全的地方，以免安装操作时损坏灯泡。

（2）接线。根据接线图，将连接软线的一端与开关面板接好，另一端与电源线一起从天花板开孔内拉出，打开箱体上的接线柱罩，根据接线图及接线柱标志的提示接好线，盖上接线柱罩，再用螺钉将接线柱罩固定，然后将多余的电线塞进吊顶内，以便箱体能顺利塞进孔内。

（3）悬挂浴霸。连接通风管，悬挂浴霸，把通风管伸进室内的一端拉出套在离心通风机罩壳的出风口上，且通风管的走向应保持笔直，如图 2.21 所示。

（4）固定。用 4 个直径为 4 mm、长 20 mm 的木螺钉将箱体固定在吊顶木档上。

3．最后的装配工序

（1）安装面罩。将面罩定位脚与箱体定位槽对准后插入，把弹簧钩在面罩对应的挂环上。挂板上完后，将挂板和角线及角线和墙面之间的缝隙用玻璃胶打好。

图 2.21　悬挂浴霸，连接通风管

（2）安装灯泡。细心地旋上所有灯泡，使之与灯座保持良好电接触，然后将灯泡与面罩擦拭干净。浴霸安装完成后的效果如图 2.22 所示。

图 2.22　浴霸安装完成后的效果

（3）固定开关。将开关固定在墙上，如图 2.23 所示。

图 2.23　将开关固定在墙上

想一想

（1）浴霸按其发热原理可分为哪几种？按照安装方式又分为哪几种？

（2）使用和安装浴霸时应注意哪些问题？

（3）浴霸安装有哪些技术要求？

（4）如何安装吸顶式浴霸？

任务五　平板电视的壁挂安装

任务描述

本任务对壁挂平板电视进行安装。

学习目标

（1）知道平板电视壁挂的安装要求。
（2）能够正确安装壁挂平板电视。
（3）知道不同墙壁安装壁挂平板电视的方法。

知识平台

一、平板电视的壁挂安装

1．安装要求

（1）在家庭安装壁挂平板电视时，主要应考虑观看距离（一般为显示屏对角距离的3～5倍）和安装高度（显示屏垂直法线与视线的夹角小于15°）两个因素，如图2.24所示。

图 2.24　平板电视的壁挂安装

（2）尽量缩短机顶盒与显示屏连接线的长度。

（3）应使用说明书指定的挂墙安装架。若采用自制的安装架，其承载能力应保证不小于实际承载质量的 4 倍，如图 2.25 所示。

图 2.25　平板电视的挂墙安装架

（4）平板电视的安装面应坚固结实，具有足够的承载能力，不应低于实际所承载质量的 4 倍。当安装面为建筑物的墙壁时，必须是实心砖、混凝土或与其强度等效的安装面。当安装面为材质疏松的安装面（如旧式房屋砖墙、木质、实心砖墙等）及金属、非金属等结构，或安装表面装饰层过厚，其强度明显不足时，应采取相应的加固、支撑措施，杜绝安全隐患。

（5）安装架与安装面的固定点不应少于安装说明书中的规定，并应有防止松动的措施，以确保安装稳定、牢固、可靠。

（6）平板电视的电源线及信号连接线应不受拉伸和扭曲应力的影响；不应随意改变接线长度，若必须加长或改变，应采用符合要求的线缆。

（7）当需连接音箱线时，应注意音箱连接线的正、负极性，防止左、右声道声音反相。

（8）显示屏挂起后，需用水平尺测量，应先调节挂架螺钉使显示屏完全处于水平位置，再按用户要求调好角度。

2．卧室壁挂平板电视的信号线解决方法

卧室因为空间的限制，不方便放置机顶盒、卫星机，此时有以下三种解决方法。

（1）在卧室的电视插座旁边加装一个 AV 插座，接 1 条音/视频线到客厅的机顶盒、卫星机的位置，配合家庭 AV 影视交换中心，这样卧室就可以直接使用客厅的机顶盒、卫星机了，如图 2.26 所示。

（2）在卧室的电视插座旁边加一个 AV 插座，接 1 条音/视频线到家里的多媒体箱里，在客厅的机顶盒、卫星机处也接音/视频线到家里的多媒体箱里。

（3）装红外转发器，可实现远程换台。

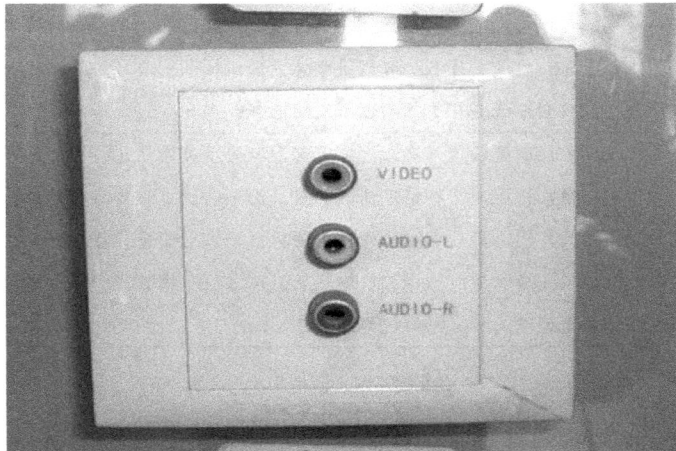

图 2.26　卧室加装 AV 插座

任务实施

一、在不同墙壁上安装壁挂平板电视

平板电视壁挂在不同墙壁上时有不同的安装方法，如表 2.4 所示。

表 2.4　平板电视壁挂在不同墙壁上的安装方法

墙 壁 类 型	安装要求及方法
普通砖墙	在普通砖墙上安装平板电视时，一般只需用冲击钻在墙壁打孔，上螺钉、挂电视即可，没有其他特殊的操作
板墙	板墙分为实心木板和石膏板墙壁。实心木板只要有 2 cm 以上的厚度，便可用自攻螺钉固定安装架。如果是石膏板墙壁，可先用美工刀在挂定点的中心位置钻一个孔（有手指能够进去的大小），然后在挂架上的上孔处放一块 2 cm 厚的长木板条，使自攻螺钉在自攻时穿过石膏板而进入木板条，使之受力面积加大

续表

墙 壁 类 型	安装要求及方法
大理石墙壁	对于整体大理石板，要选用玻璃钻。在使用玻璃钻时，必须是一边钻，一边在玻璃钻头浇水，以免玻璃钻头烧坏。如果玻璃钻实在难以钻穿墙体，钻到一半时可改用冲击钻，但是冲击钻必须放在电钻挡，否则会把大理石打裂。孔打好后，就可以安装膨胀螺栓了，直至上紧为止。对于有花纹的大理石，可借鉴整体大理石板的安装方法，钻孔时要加倍地小心，因为振动力稍大就会造成有花纹的大理石纹路的裂纹扩大
玻璃墙	如果玻璃墙后面是砖墙，在选定位置后，可先用玻璃钻孔（一边钻一边向玻璃钻浇水），打好玻璃孔后，再用冲击钻钻里面的砖墙。为了防止上螺钉时把玻璃压破，最好选用膨胀管大的螺栓作为填圈，然后再上紧螺钉。如果玻璃墙后面是板墙，只需要用玻璃钻钻出玻璃孔即可，且玻璃孔要稍微大一点。钻好孔后，可以放进填圈，然后用自攻螺钉自攻，选用的自攻螺钉必须比玻璃的厚度+木板的厚度还长一点

二、平板电视壁挂安装的宜与忌

（1）一般的平板电视，散热栅格通常设计在背面或侧背面，因此电视背面和上下左右四侧都需要一个通风散热的空间，且壁挂电视与墙面之间应至少保持 15 mm 左右的距离。

（2）由于平板电视的各种接口基本上都安排在背面，所以各种数据线不能抵住墙面过分弯折，否则很容易折损。

（3）在安装过程中需小心谨慎；搬动整机时应轻拿轻放，并应准备铺垫物，防止划伤显示屏。

（4）应按照安装说明书的要求，按步骤安装并连接信号线。

想一想

（1）平板电视壁挂的安装要求有哪些？

（2）怎样在板墙上安装壁挂平板电视？

项目 三 电能表与配电箱的安装

▶▶▶▶

任务一　单相电能表的选用和安装

任务描述

随着现代工业的发展，工业和民用用电量不断增加，特别是一户一表的电能计量方式的推广，使电能表的数量大大增加。电能计量的公平、公正、准确、可靠直接关系到供、用电双方的利益，是社会广泛关注的焦点。初学电工者应首先掌握单相电能表的安装技巧，从而举一反三学会其他电能表的安装。

本任务是完成照明配电与单相电能表的安装，电路原理图如图 3.1 所示。

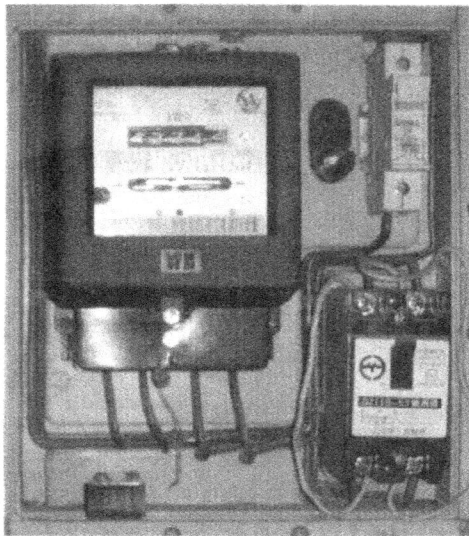

（a）实物图

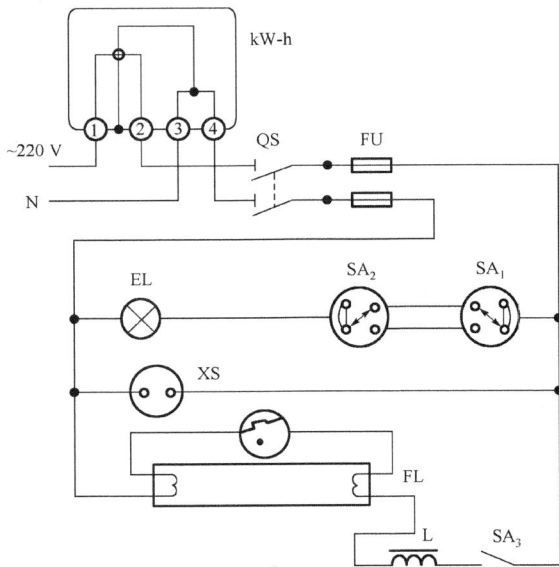

（b）电路图

图 3.1　电路原理图

学习目标

（1）能绘制单相电能表的安装电路图，并会按图纸要求安装单相电能表。
（2）了解单相电能表安装的常见问题，并且能排除电路的简单故障。
（3）了解正确抄读电能表电量数的方法。
（4）分别了解一进一出及二进三出电能表的接线方法。

知识平台

一、认识电能表

电能表又称电度表或火表，是用来测量电能、累计记录用户在一段时间内消耗电能的仪表。电能表的表头符号是"kW·h"，家庭用户通常使用单相机械式电能表或单相电子式电能表，如图 3.2 所示。

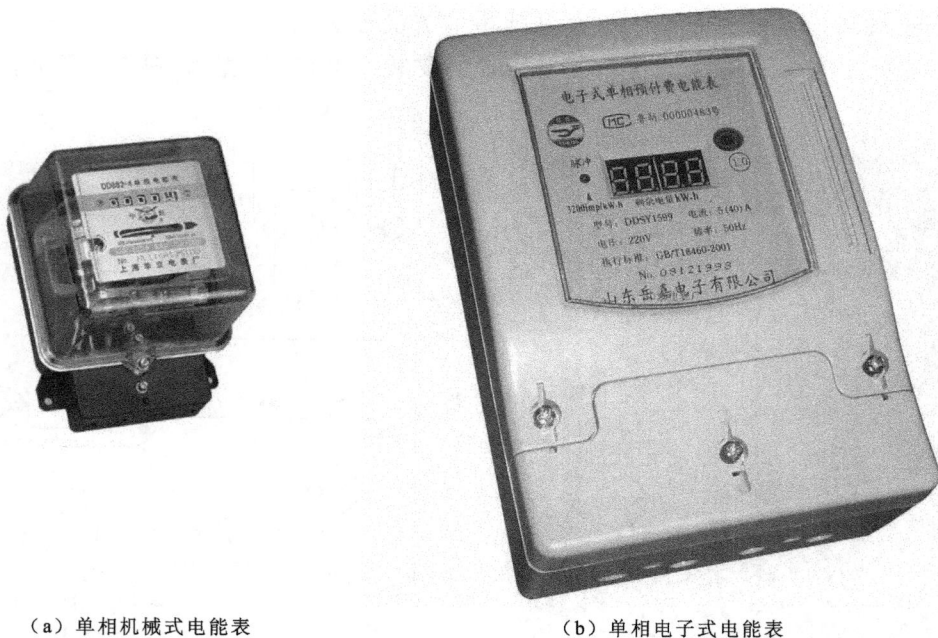

（a）单相机械式电能表　　　　　　（b）单相电子式电能表

图 3.2　电能表

二、电能表的结构

单相机械式电能表主要由驱动元件、转动元件、轴承、制动元件、计度器、基架、外壳、端钮盒及铭牌等组成，如图 3.3 所示，其基本结构分析如表 3.1 所示。

表 3.1　单相机械式电能表的基本结构分析

名　称	作　用
驱动元件：由电压元件和电流元件组成	驱动元件是电能表的工作部分，由它产生的电压和电流工作磁通分别与圆盘中的感应涡流相互作用，使电能表的圆盘转动，进行电能计量。电压元件的铁芯由薄的硅钢片叠制而成，在铁芯的上面套有电压线圈，它固定在电压铁芯的支柱上，用来产生电压磁通
转动元件：由铝质圆盘和转轴压铸而成	转动元件在驱动元件的作用下转动，其旋转的转数与消耗的电能成正比，并经蜗杆带动计度器记录。转动圆盘由铝合金材料制成，它具有很轻的质量、较好的硬度和较低的电阻。在交流磁场作用下，可以感应出一定相位的电流，在电流的磁场和驱动元件的磁场相互作用下产生转动力矩，推动转动圆盘转动
轴承	转动盘的中心装有根中轴，轴上有蜗杆与计数器相连，它的两端分别支撑在上、下轴承上。轴承用来支撑转动元件，以减小转动时的摩擦力矩 上轴承主要起导向作用，转动元件的质量主要由下轴承支撑。目前，电能表的下轴承分为两种类型，即钢珠宝石结构和磁力结构
制动元件：由永久磁铁、磁轭及分磁块组成	制动元件产生制动力矩，使转动元件匀速转动，转数与耗用的电能成正比
计度器：又称积算器、计数器	常用的计度器有字轮式和指针式两种。当转动元件以匀速转动时，在转动元件的蜗杆带动下，以数字记录或指针指示电度数
基架	基架用于固定驱动元件、永久磁铁、计度器和上、下轴附件。它一般由钢板冲压或铝合金压铸而成，具有较高的强度和精密的造型
外壳	外壳由表盖、底座和密封垫等组成。表盖与底座一般使用绝缘材料（如塑料、胶木、玻璃等）或金属材料（如铝、铁等）
端钮盒：由盒体、端钮、端钮盖等组成	端钮盒又称接线盒，用绝缘材料制成。端钮盒中安装着接线端钮，它由铜制成，它的作用是连接电能表内、外的导线。它的接线方式有一进一出和几进几出方式
铭牌	铭牌一般装在计度器字面上。铭牌上规定要注明制造厂商、表型、标定电流、额定最大电流、额定电压、额定频率、相数线别、准确等级及常数等

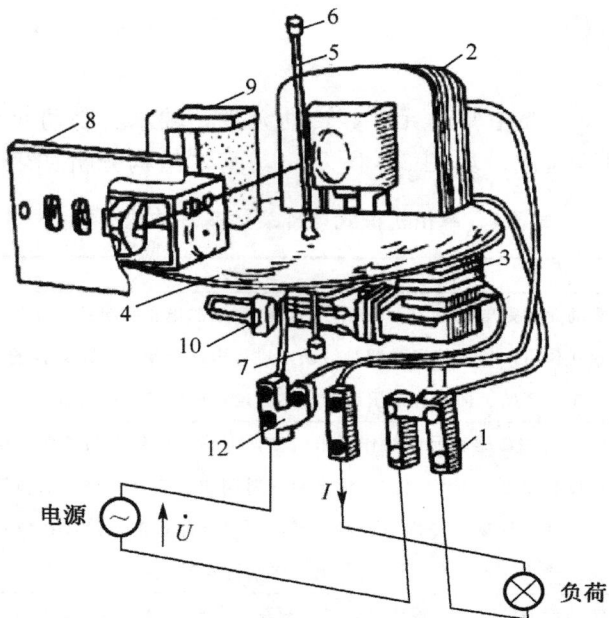

1—端钮；2—电压元件；3—电流元件；4—圆盘；5—轴杆；6—上轴承；7—下轴承；

8—计度器；9—永久磁钢；10—相位调整器（即回线卡子）；11—连接片；12—电压小钩

图 3.3　单相机械式电能表的基本结构图

三、单相电能表的原理

单相电能表的工作原理如图 3.4 所示。

单相电能表用来计量发电厂发出的或用户消耗的有功电能。单相电能表接在交流电路中，当电压线圈两端加以线路电压，电流线圈中流过负载电流时，电压元件和电流元件就产生在空间上不同位置、在相角上不同相位的电压和电流工作磁通。它们分别通过圆盘，并各自在圆盘中产生感应涡流。于是，电压工作磁通与电流工作磁通产生的感应涡流相互作用，作用的结果在圆盘中就形成了以铝转盘转轴为中心的转动力矩，使单相电能表的圆盘始终按一个方向转动。通过上轴承和下轴承的联动，带动计度器，使数码显示变化，从而可以帮助人们读出其用电量，并可由抄表员抄录用电量值，达到使用单相电能表计量用电量的目的。

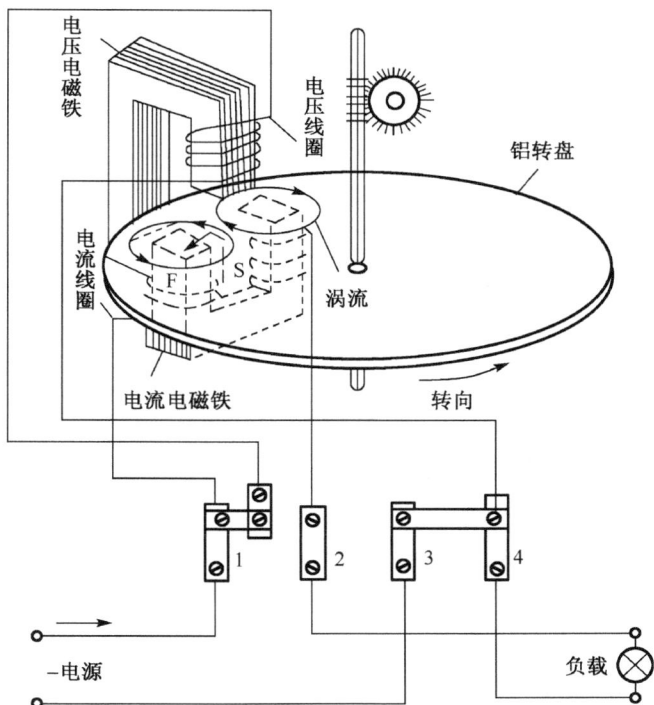

图 3.4　单相电能表的工作原理图

四、电能表的选用

在选用电能表的容量或电流前，应先进行计算。一般应使所选用电能表的负载总瓦数为实际用电总瓦数的 1.25～4 倍。

例如，某家庭使用照明灯 4 盏，约为 120 W；使用电视机、电冰箱等电器，约为 680 W。据此负荷选用电度表的电流容量：800×1.25=900（W），800×4=3200（W），这样选用电度表的负载瓦数为 900～3200 W，因此，选用电流容量为 10～15 A 的电能表较为适宜。

五、电能表的铭牌

电能表的铭牌上标注有产品代号、型号、额定电压、额定电流、每千瓦时（度）电转数、频率等参数，如图 3.5 所示。电能表的工作电流一般都标注在铭牌上，用括号形式标注在额定电流的后面。例如，5（30）A，括号外的 5 表示额定电流为 5 A，括号内的 30 表示短时间允许通过的最大电流为 30 A。这是选用电能表的重要依据。家用电能表的常用规格有 2.5 A, 5 A, 10 A, 15 A，20 A，30 A 等。

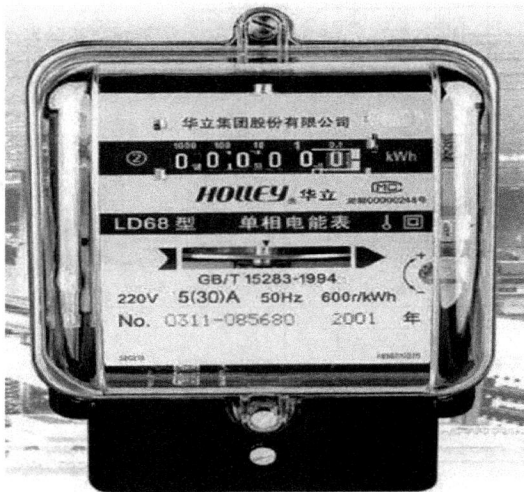

图 3.5　电能表的铭牌

任务实施

一、准备工作

小组合作完成照明配电与单相电能表的安装与检修。

（1）对照图 3.1 所示的电路原理图熟悉各器件，对相关的元件进行测试以判别元件的好坏，并将检测结果记录下来。

（2）对器件进行定位画线，对各器件在墙上进行位置的安排和摆放。注意，器件的位置要方便布线和接线，各器件应疏密相间，并要考虑后期维修操作的安全、方便。

（3）布置线槽位置，以备敷设导线。

（4）固定各器件，明确各器件的准确位置，尤其是需要引线的接线柱和孔的位置，以便于在布线时使定位准确。

（5）在线槽内敷设导线并连接各器件。

单相电能表的接线盒里共有 4 个接线桩，从左到右按 1、2、3、4 编号。其接线方式一般为 1、3 接进线（1 接相线，3 接零线），2, 4 接出线（2 接相线，1 接零线），如图 3.6 所示。国产电能表统一采用这种接线方式。

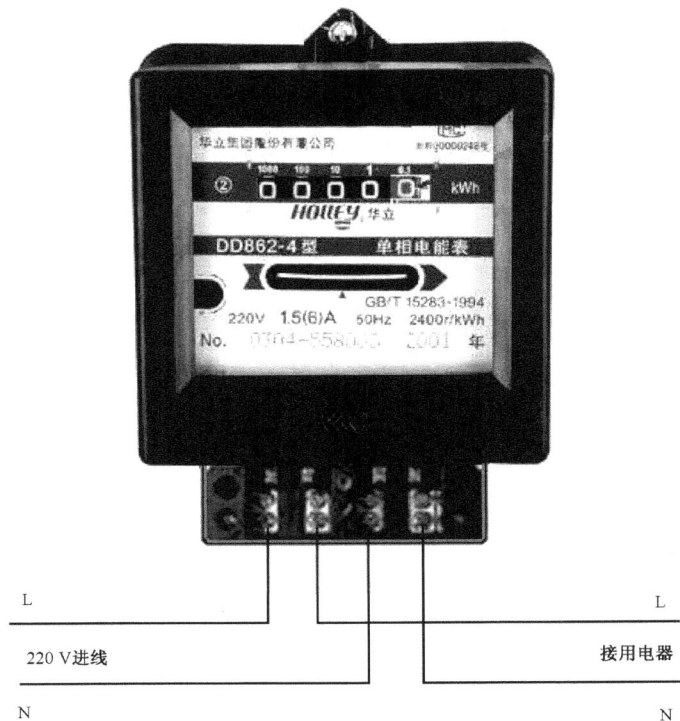

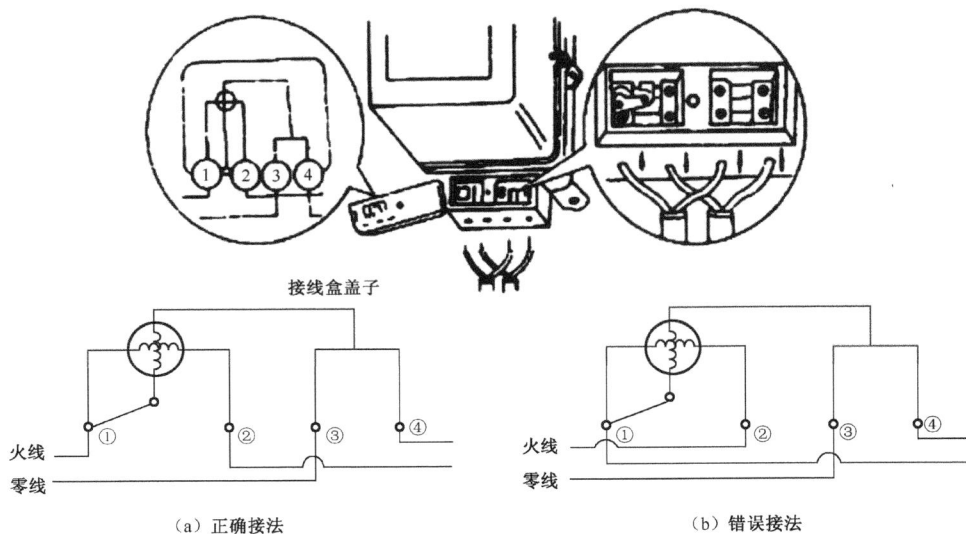

（a）正确接法   （b）错误接法

图 3.6 单相电能表的接线

（6）连接完毕后，用万用表的欧姆挡对电路进行断电检查。应将电路检查一遍，看有无接错、漏接的情况。

（7）通电后，通过试电笔、万用表的交流电压挡测试各处电压是否正常，开关能否控制电灯亮、灭，若发现问题应及时检修，使之工作正常。

（8）工作任务结束后，填写工作任务单，对工作任务进行总结，并先进行小组互评，再由教师评价。

想一想

观察家中的电度表是如何工作的，并记录两天中电度表的示数，计算一天之内家中使用了多少电能。

任务二　家庭户内配电箱的安装与调试

任务描述

　　为了安全供电，每个家庭都要安装一个配电箱。如图 3.7（a）所示为分路配电箱装置，几乎家家户户都能见到。配电箱主要用于对住户内的空调器、照明、插座、厨房电热器等用电设备进行配电，相当于电路的总开关和各个支路的开关。配电箱内安装的电气设备可分为控制电器和保护电器两大类：控制电器是指各种配电开关；保护电器是指当电路中的某一电器发生故障时，能够自动切断供电电路的电器，从而防止出现严重后果。

　　本任务以居室形式为例，按图 3.7（b）所示进行配电装置的安装和调试。

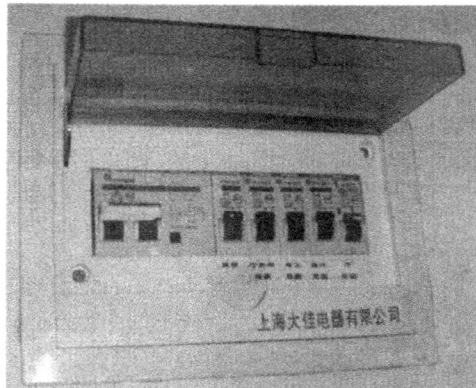

（a）分路配电箱装置

图 3.7　电路原理图

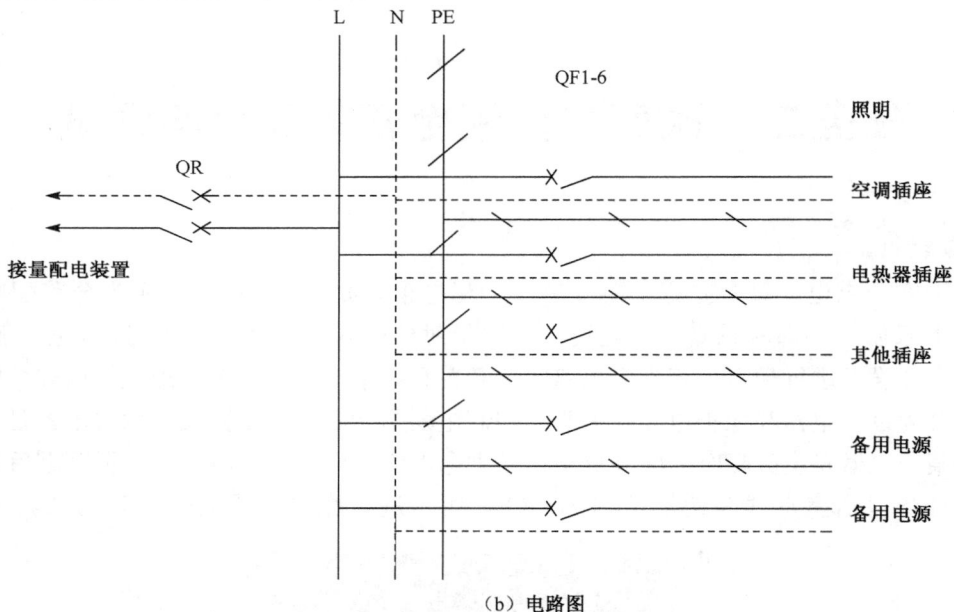

（b）电路图

图 3.7　电路原理图（续）

学习目标

（1）知道低压进户线和进户装置的结构形式。

（2）知道住宅配电装置的作用，尤其是居室的配电与分路配电的作用。

（3）能够正确识别配电装置的电气接线图及图形、文字符号。

（4）能够进行一般居室的分路配电设计及模数化配电箱、漏电开关、分路开关等的选择。

（5）能够安装、调试、维护、维修分路配电装置。

（6）通过进一步使用常用电工工具，知道"电压配电设计规范"的相关知识和安全用电知识。

知识平台

一、配电箱的概况

配电的作用是对进线电源功率进行合理的分配，也就是分路。配电箱不仅要对每路线路的电功率进行控制，同时还可以对每路线路进行保护。例如，某 6 层住宅大楼的进户电源总线进户后，首先要对 6 个楼面进行配电，然后每一个楼面又要对该楼面的每户住家进行配电，而每户住家又要对居家的照明、插座等进行配电。由于住宅的配电有明显的分路特征，所以通常将其称为分路配电。住宅楼的楼层配电箱的典型接线图如图 3.8 所示。

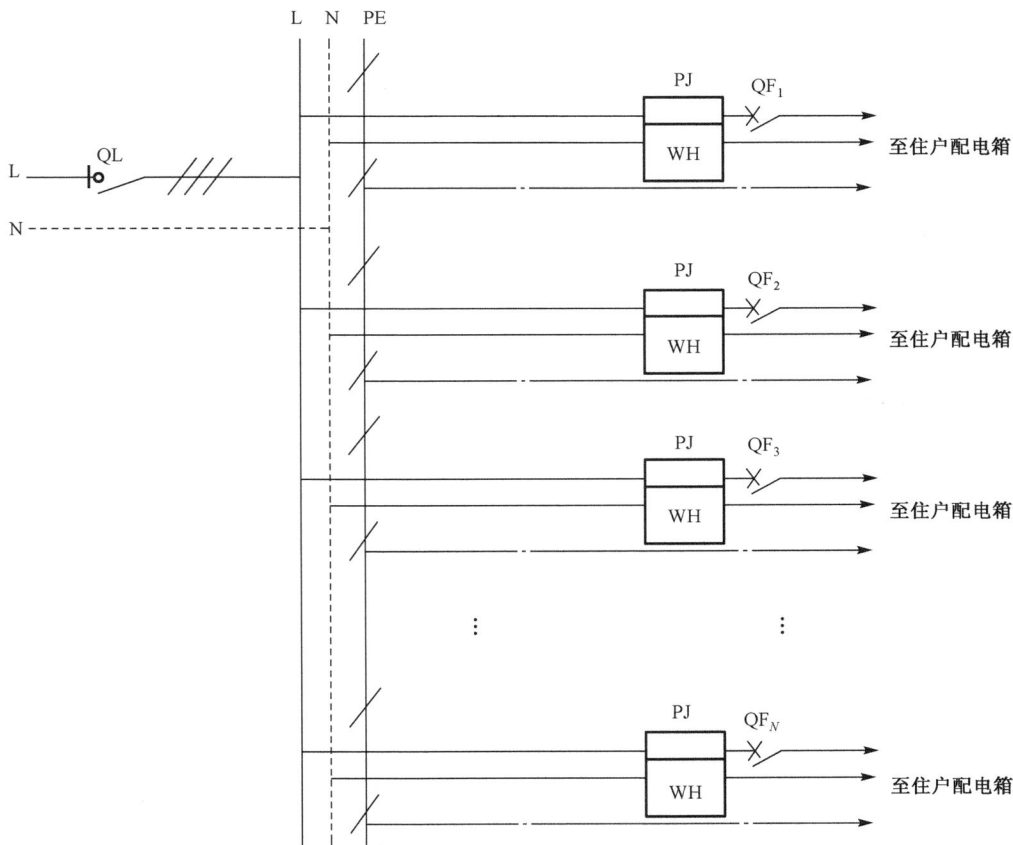

图 3.8　住宅楼的楼层配电箱的典型接线图

图 3.8 也称为电气照明配电系统概略图，可用来概括地表示电气照明配电系统的基本组成、相互关系及其主要特征。电气照明配电系统概略图与电气照明平面图类似，也采用单线绘制。

本任务安装的住宅配电箱一般采用模数化组合式配电箱，其箱体为铁制，内装塑壳式低压断路器（如 C45N，C20 等型号），对居室的照明、插座、空调器等进行分路配电。

配电箱的应用极为广泛，其种类很多，如表 3.2 所示。悬挂式安装适用于工矿企业或移动配电，嵌入式安装适用于建筑大楼、住家居室。标准配电箱已成为系列产品，并有统一的型号，一般由工厂成套批量生产；非标准配电箱则根据需要由用户自行设计制作或委托工厂加工制作。

表 3.2 配电箱的分类

分类原则	类型
安装方式不同	明装配电箱（通常为悬挂式安装）
	暗装配电箱（通常为嵌入式安装）
制作材料不同	铁制配电箱
	木制配电箱
是否按统一标准生产	标准配电箱
	非标准配电箱

二、模数化组合式配电箱

近年来，随着市场对配电箱的需求增大，配电箱的品种型号繁多。为了方便用户对配电箱内的各类开关、插座等器件进行按需选配，厂方生产了一种模数化终端组合式电气配电箱，它已广泛用于宾馆、商场、居家、医院、办公室、高楼建筑等场合。

如图 3.9 所示的 PZ30 系列暗装式配电箱就是一种模数化组合式配电箱。如图 3.10 所示为常用的模数化组合式配电箱的几种形式。

图 3.9 PZ30 系列暗装式模数化组合式配电箱

（a）形式一（漏电开关作为总电源开关，控制各分路开关，并带一个单相三线插座）

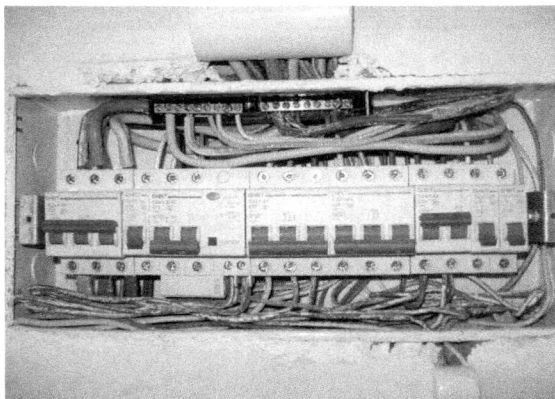

（b）形式二（设总开关，下设若干个分路开关，分别控制空调、照明、插座等，在插座分线路中采用了漏电开关进行控制、保护，是典型的住家居室的配电类型）

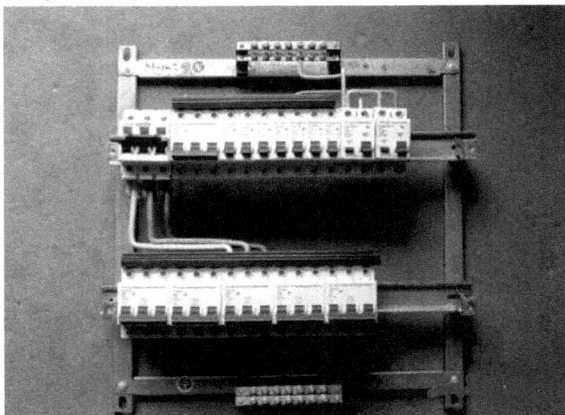

（c）形式三（分上、下两排安装，常用于大楼的楼层配电）

图 3.10 常用的模数化组合式配电箱的几种形式

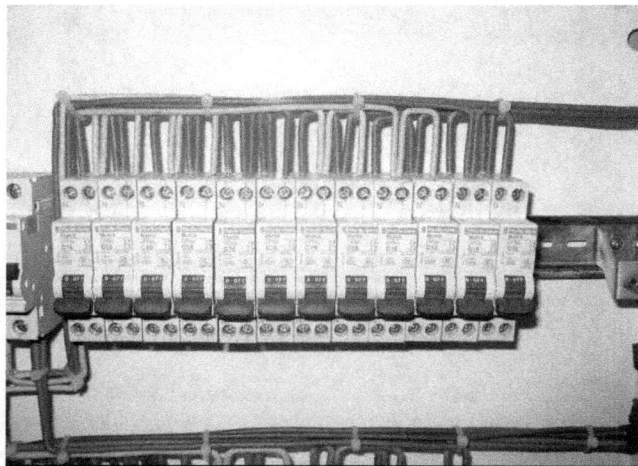

（d）形式四（12 个单相分路断路器，常用于对多台电气设备进行集中分路控制）

（e）组合形式

图 3.10　常用的模数化组合式配电箱的几种形式（续）

如表 3.3 所示是 PZ20 系列和 PZ30 系列配电箱的概况。

表 3.3　PZ20 系列和 PZ30 系列配电箱的概况

型　号	安装方式	箱内主要电器件	用　途
PZ20, PZ30 系列模数化组合式配电箱	明装、暗装	HL30 型隔离开关 C45NL 型漏电断路器 C45, C45N 型断路器 JZB30, JZ30 型插座等	适用于民用建筑，广泛用于高层建筑、宾馆、商场、居家、医院、办公室等

PZ20 系列和 PZ30 系列配电箱可用于单相三线制或三相五线制的终端配电，适用于额定电压为 220 V 或 380 V 的线路，其负载最大电流不超过 100 A。PZ20 系列和 PZ30

系列配电箱不仅可对线路及线路中的电气设备进行控制、配电，而且可对线路过载、短路、漏电、过压等进行保护。

三、户内配电箱的要求与接线

1. 户内配电箱安装位置的确定

户内配电箱的安装可分为明装、暗装和半露式三种。明装通常采用悬挂式，可以用金属膨胀螺栓等将箱体固定在墙上；暗装为嵌入式，应随土建施工预埋，也可在土建施工预留孔后采用预埋。现代家居装修一般采用暗装配电箱。

对于楼宇住宅新房，房地产开发商一般在进门处靠近天花板的适当位置留有户内配电箱的安装位置。许多开发商已经将户内配电箱预埋安装，装修时，应尽量使用原来的位置。

配电箱多位于门厅、玄关、餐厅和客厅，有时也会装在走廊里。如果需要改变其安装位置，应在墙上选定的位置上开一个孔洞，孔洞的长和宽应比配电箱的长和宽各大 20 mm 左右，且预留的深度为配电箱的厚度加上洞内壁抹灰的厚度。预埋配电箱时，箱体与墙之间填以混凝土即可把箱体固定住，如图 3.11 所示。

总之，户内配电箱应安装在干燥、通风部位，且无妨碍物，方便使用；绝不能将配电箱安装在箱体内，以防发生火灾。同时，配电箱不宜安装过高，一般安装标高为 1.8 m，以便于操作。

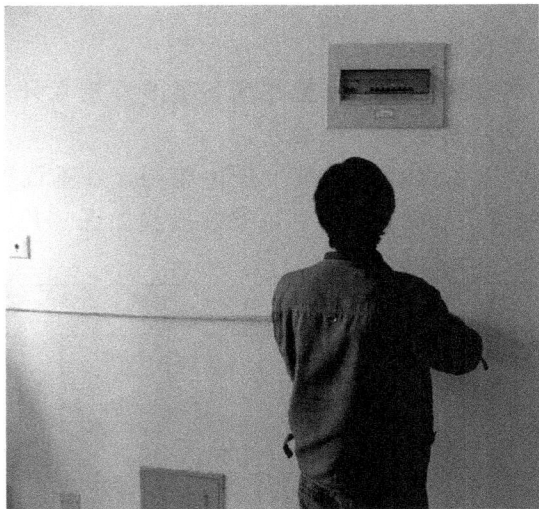

图 3.11　配电箱位置的确定示例

2. 户内配电箱的安装要求

户内配电箱的安装既要美观，更要安全，具体要求如下。

（1）箱体必须完好无损。进配电箱的电线管必须用锁紧螺帽固定。

（2）配电箱埋入墙体应垂直、水平。

（3）若配电箱需开孔，孔的边缘必须平滑、光洁。

（4）箱体内的接线汇流排应分别设立零线、保护接地线、相线，且要完好无损，具备良好绝缘。

（5）配电箱内的接线应规则、整齐，端子螺钉必须紧固。

（6）各回路进线必须有足够的长度，不得有接头。

（7）安装完成后必须清理配电箱内的残留物。

（8）配电箱安装完后应标明各回路的使用名称。

3. 户内配电箱的接线

配电箱线路的排列情况是最能说明电工水准的重要参照，它好比电工本身的思路，思路清晰了，线路也就清晰了。

（1）把配电箱的箱体在墙体内用水泥固定好，同时把从配电箱引出的管子预埋好，然后把导轨安装在配电箱底板上，再将断路器按设计好的顺序卡在导轨上。各条支路的导线在管子中穿好后，末端接在各个断路器的接线端上。

（2）如果使用的是单极断路器，则只把相线接入断路器。在配电箱底板的两边各有一个铜接线端子排，其中一个与底板绝缘，是零线接线端子，进线的零线和各出线的零线都接在这个接线端子上；另一个与底板相连，是地线接线端子，进线的地线和各出线的地线都接在这个接线端子上。

（3）如果使用的是两极断路器，则把相线和零线都接入开关。在配电箱底板的边上只有一个铜接线端子排，是地线接线端子。

（4）接完线以后，装上前面板，再装上配电箱门，在前面板上贴上标签，写上每个断路器的功能。一室一厅一厨一卫配电箱安装接线如图 3.12 所示。

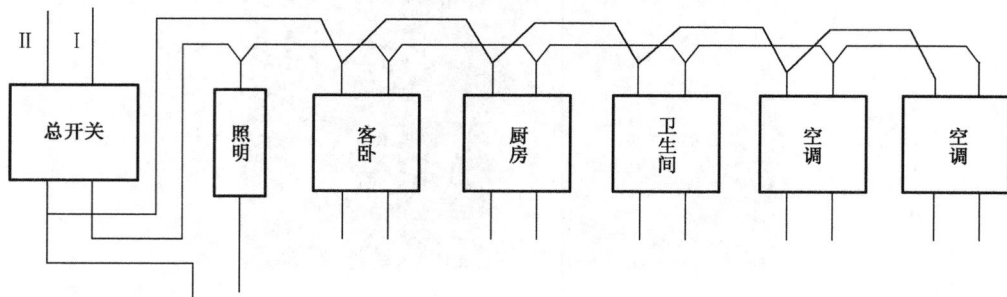

图 3.12　一室一厅一厨一卫配电箱安装接线图

任务实施

一、准备工作

小组合作完成配电箱的安装与检修。

1. 准备工作

准备如图 3.13 所示的材料和工具。

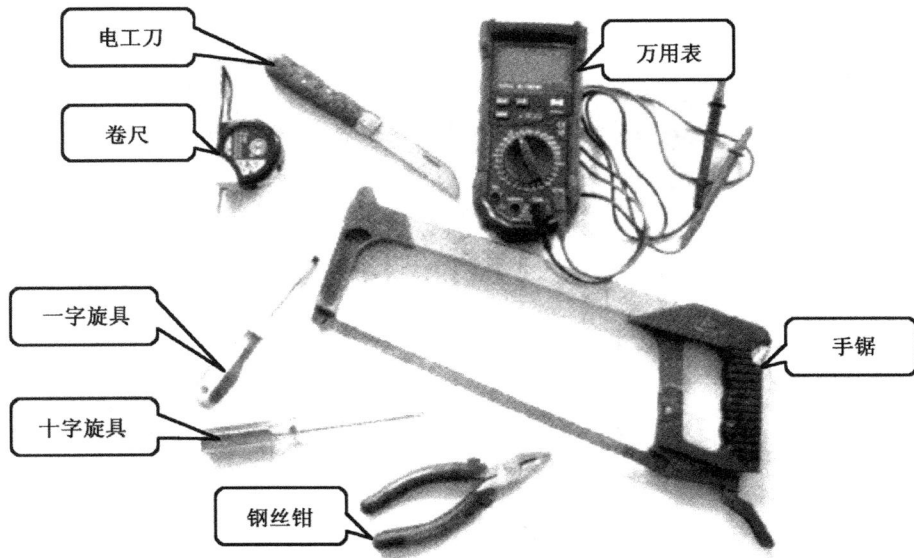

图 3.13　材料和工具

2. 定位

根据任务要求在墙上标画出分路配电箱的位置。

3. 安装分路配电箱

1）箱体内导轨的安装

导轨的安装要水平，并与盖板空开操作孔相匹配，如图 3.14 所示。

2）箱体内空开安装（如图 3.15 所示）

（1）空开安装时，首先要注意在箱盖上空开安装孔位置，保证空开位置在箱盖的预留位置。其次，开关在安装时要从左向右排列，且开关预留位应为一个整位，如图 3.16 所示。

（2）预留位一般放在配电箱右侧。第一排总空开与分空开之间要预留一个完整的整位，用于第一排空开配线。

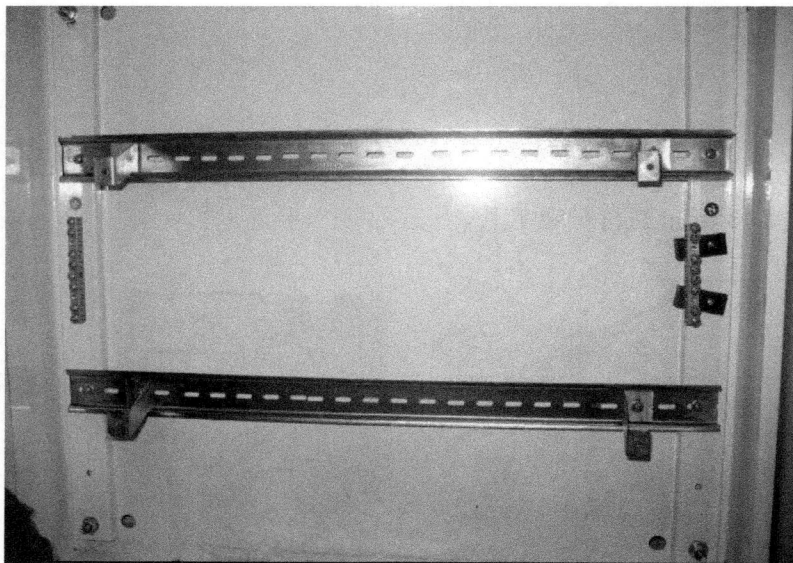

图 3.14　导轨的安装

图 3.15　箱体内空开安装

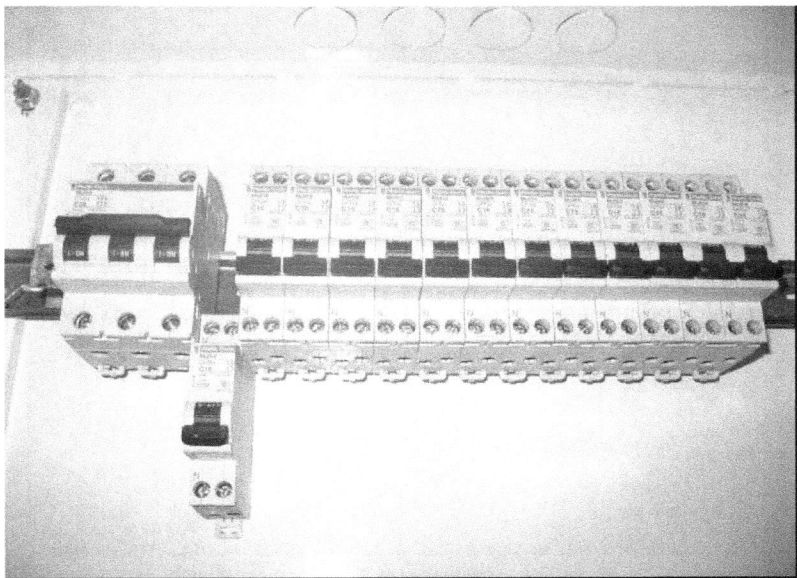

图 3.16　第一排预留位

3）空开零线配线（如图 3.17 所示）

（1）零线颜色要采用蓝色。

（2）照明及插座回路一般采用 2.5 mm² 的导线，每根导线所串连空开数量不得大于 3 个。空调回路一般采用 2.5 mm² 或 4.0 mm² 的导线，一根导线配一个空开。

（3）不同相之间的零线不得共用，如由 A 相配出的第一根黄色导线连接了两个 16 A 的照明空开，则 A 相所配空开零线也只能配这两个空开，配完后直接连接到零线接线端子上。

（4）箱体内总空开与各分空开之间的配线一般走左边，配电箱出线一般走右边。

（5）箱内配线要顺直，不得有纹接现象；导线要用塑料扎带绑扎，扎带大小要合适，间距要均匀。

（6）导线弯曲应一致，且不得有死弯，以防止损坏导线绝缘皮及内部铜芯。

4）第一排空开配线（如图 3.18 所示）

（1）A 相线为黄色、B 相线为绿色、C 相线为红色。

（2）照明及插座回路一般采用 2.5 mm² 的导线，每根导线所串连空开数量不得大于 3 个。空调回路一般采用 2.5 mm² 或 4.0 mm² 的导线，一根导线配一个空开。

（a）第一排空开零线配线

（b）第二排空开零线配线

图 3.17　空开零线配线

（3）由总开关每相所配出的每根导线之间的零线不得共用，如由 A 相配出的第一根黄色导线连接了两个 16 A 的照明空开，则这两个照明空开的一次侧零线也只能从这两个空开的一次侧配出，直接连接到零线接线端子上。

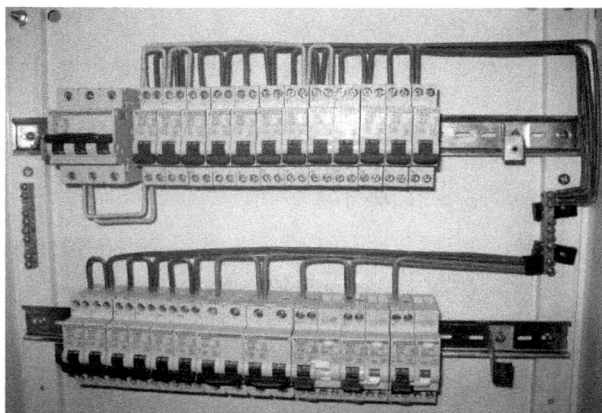

（a）空开 A 相配线

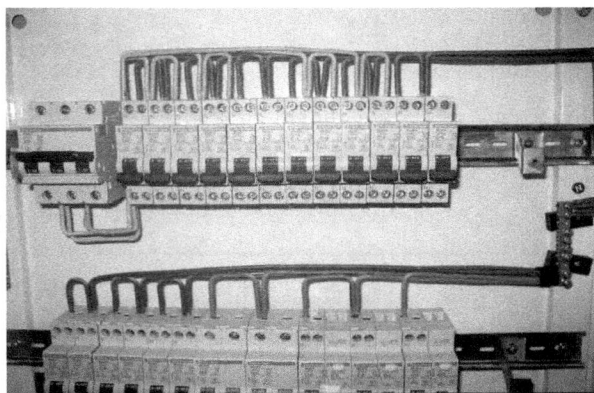

（b）空开 B 相配线

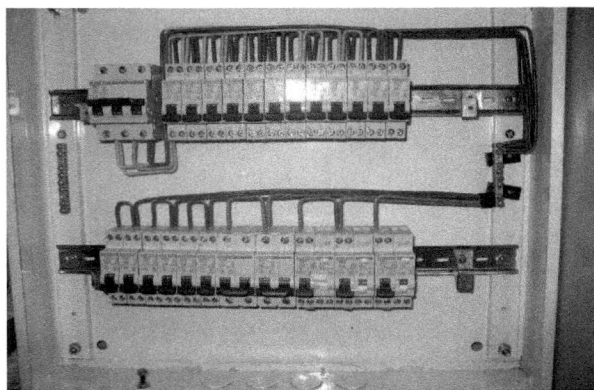

（c）空开 C 相配线

图 3.18　第一排空开配线

（4）箱体内总空开与各分空开之间的配线一般走左边，配电箱出线一般走右边。

（5）箱内配线要顺直，不得有纹接现象；导线要用塑料扎带绑扎，扎带大小要合适，间距要均匀。

（6）导线弯曲应一致，且不得有死弯，以防止损坏导线绝缘皮及内部铜芯。

5）第二排空开配线（如图 3.19 所示）

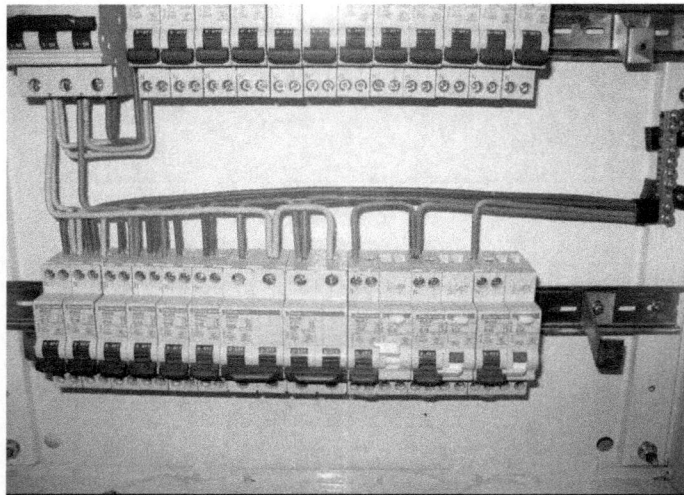

（a）空开 A 相配线

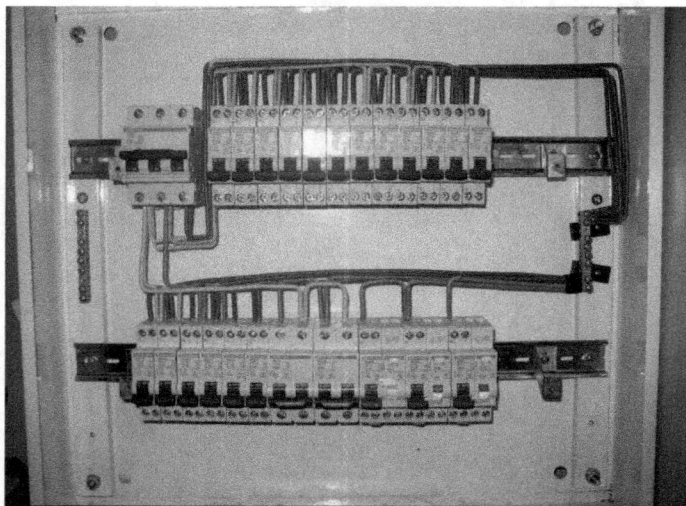

（b）空开 B 相配线

图 3.19　第二排空开配线

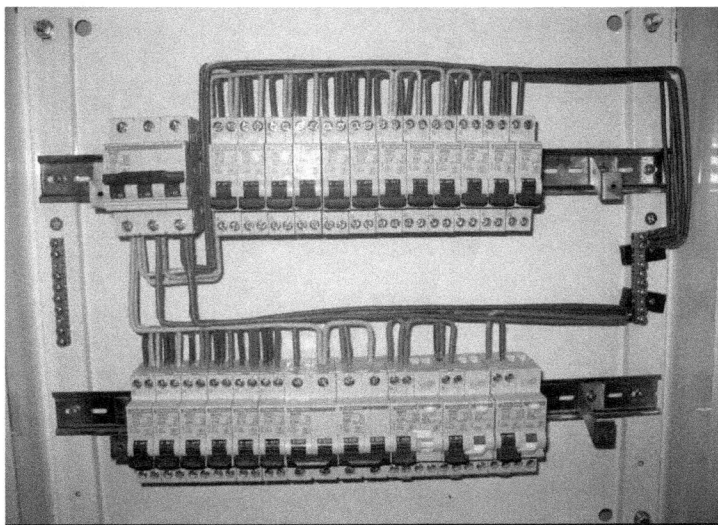

（c）空开 C 相配线

图 3.19　第二排空开配线（续）

（1）A 相线为黄色、B 相线为绿色、C 相线为红色。

（2）照明及插座回路一般采用 2.5 mm² 的导线，每根导线所串连空开数量不得大于 3 个。空调回路一般采用 2.5 mm² 或 4.0 mm² 的导线，一根导线配一个空开。

（3）由总开关每相所配出的每根导线之间的零线不得共用，如由 A 相配出的第一根黄色导线连接了两个 16 A 的照明空开，则这两个照明空开的一次侧零线也只能从这两个空开一次侧配出，直接连接到零线接线端子上。

（4）箱体内总空开与各分空开之间的配线一般走左边，配电箱出线一般走右边。

（5）箱内配线要顺直，不得有纹接现象；导线要用塑料扎带绑扎，扎带大小要合适，间距要均匀。

（6）导线弯曲应一致，且不得有死弯，以防止损坏导线绝缘皮及内部铜芯。

6）导线绑扎（如图 3.20 所示）

（1）导线要用塑料扎带绑扎，扎带大小要合适，间距要均匀，一般为 100 mm。

（2）扎带扎好后，不用的部分要用钳子剪掉。

4．检查分路配电箱及通电带载测试

（1）检查分路配电箱。检查配电箱内部的接线是否正确，各接点是否牢靠，PE 排与 N 排是否有错，箱体螺栓是否通过 PE 排可靠接地。

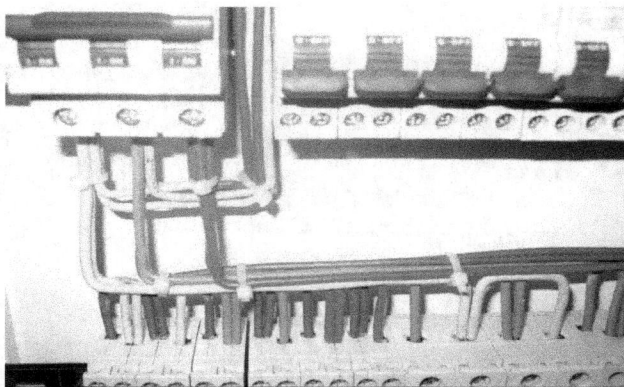

（a）

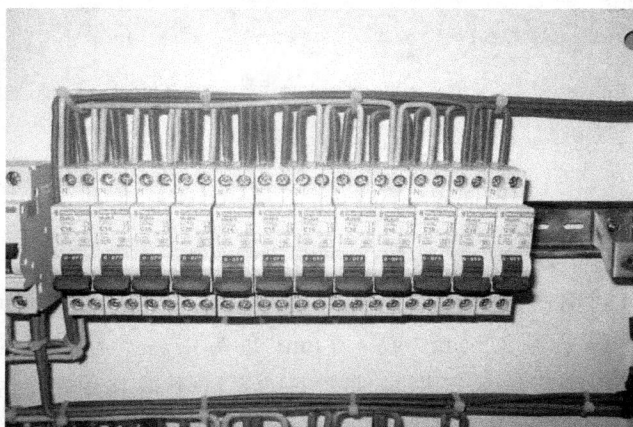

（b）

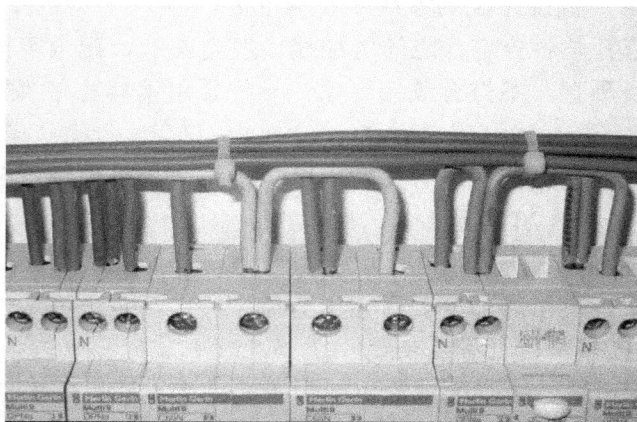

（c）

图 3.20　导线绑扎

（2）通电带载测试。将配电箱的出线与负载连接，如图 3.21 所示，检验各路断路器能否对负载进行控制。可通过分路开关的接通与断开来检验接线是否正确，各连接点是否可靠。

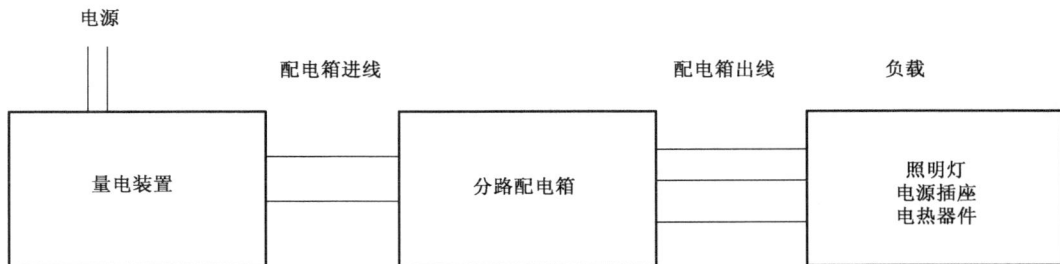

图 3.21　通电带载调试

想一想

（1）找到家中或教学楼中的分路配电箱，观察上面的标识，简要说明该室内线路分路配电的方式。

（2）上网搜索或到市场上调查了解，总结一下目前常见的模数化组合式配电箱有哪些类型，分别应用于哪些场合。

项目 四 家庭简单配电线路的设计与安装

任务一　家庭配电工程图的认知

任务描述

在家庭配电工程施工之前需要认真阅读工程图纸。本任务介绍家庭配电工程图的内容、识图方法。

学习目标

（1）了解家庭配电工程图的主要图例、内容。
（2）熟悉家庭配电工程图的读图方法。

知识平台

一、配电工程图内容

1. 基本概念

配电工程：是指建筑内各种照明装置、配电线路和插座等的安装工程。

配电工程图：是根据国家相关标准绘制，反映设计施工意图的一系列图纸，包括系统图、平面图、设备材料表等。

2. 家庭配电工程图的分类

按图纸的表现内容分，一般有图纸目录、设计说明、图例、设备材料表、电缆表册、控制原理图、二次接线图、电气系统图、电气平面图、详图等。

1）图纸目录

图纸目录用于将设计图纸按顺序编排，它反映了图纸的全部情况，是清点、查阅的依据。

2）设计说明

设计说明主要标注图中交代不清，不能表达或没有必要用图表示的要求、标准、规范、方法等，如供电电源来源、线路敷设方式、设备安装方式、施工注意事项等。

根据工程规模及需要说明的内容多少，有的可以单独编制设计说明，有的因为内容简单，可以将分项局部问题写在分项图纸内的空余处。

3）图例

图例是指用表格形式列出图纸中使用的图形符号或文字符号的含义，以使读图者读懂图纸。

除统一图例外，专业图例各有不同表示，读图时应注意图例及说明。

4）设备材料表

设备材料表是指用表格形式列出工程所需的材料、设备名称、规格、型号、数量、要求等。

5）电缆表册

电缆表册使用表格形式显示系统中电缆的线路编号、类别、规格、型号、长度、起止点及保护管的规格等。该表册中的长度值只作为参考，施工时应现场实测。电缆表册也有装在设备材料表内的。

6）控制原理图

控制原理图是表示电气设备及元件控制方式及其控制线路的图样，包括启动、保护、信号、联锁、自动控制及测量等。控制原理图依据规定的线段和图形符号绘制而成，是二次配线和系统调试的依据。

7）二次接线图

二次接线图是与控制原理图配套的图样（注解略）。

8）电气系统图

所谓电气系统图，是示意性地把整个工程的供电线路用单线连接形式准确概括的电路图，它不表示相互的空间位置关系，表示的是各个回路的名称、用途、容量，以及主要电气设备、开关元件及导线规格、型号等参数。

9）电气平面图

电气平面图是指将同一层内不同安装高度的电气设备及线路都放在同一平面上来表示，如在建筑平面图上标出电气设备、元件、管线、防雷接地等的规格型号、实际布置。一般大型工程都有电气总平面图，中小型工程则用动力平面图或照明平面图代替。

10）详图（大样图）

详图用来表示某一具体部位或元件的结构或具体安装方法，注明设备或部件的具体图形的详细尺寸，以便于安装。通常采用通用标准图，当没有标准图可以选用并有特殊要求时，可以绘制大样图。大样图既可以画在同一张图纸上，也可以另画为一图或多图。

电气安装工程施工图中的电力设备常常需要进行文字标注。其标注方式有统一的国家标准，即采用00DX001《建筑电气工程设计常用图形和文字符号》中的文字符号进行标注。

---

1. 家庭配电元件的基本组成

家庭配电元件主要包括配电箱、配电线路、灯具、控制开关、插座、吊扇、其他用电装置。

2. 家庭配电设计施工常用的两大图纸

（1）系统图：概略表示建筑内动力及照明系统的基本组成、相互关系及主要特征的简图，能反映出动力及照明系统的安装容量、计算容量、计算电流、配电方式、导线或电缆的型号、规格数量、敷设方式及穿管管径等。

（2）平面图：用图形符号加文字标注绘制，是表示建筑内动力照明设备及其配电线路平面布置的位置简图。

---

3. 家庭配电工程图常用图例

图例是指为了简化绘图者的工作量，采用一些简单图形来表示各电气元件。图例在家庭配电工程图中使用得较普通。家庭配电工程图中常用电气符号图例及含义如表 4.1 所示。

表 4.1　常用电气符号图例及含义

图　例	名　称	备　注	图　例	名　称	备　注
⊶	双绕组变压器	形式 1	▱	电源自动切换箱（屏）	
⧚		形式 2	⊸	隔离开关	

图 例	名 称	备 注	图 例	名 称	备 注
	三绕组 变压器	形式1 形式2		接触器（在非动作位置触点断开）	
	电流互感器 脉冲变压器	形式1 形式2		断路器	
	电压互感器	形式1 形式2		熔断器的一般符号	
	屏、台、箱柜的一般符号			熔断器式开关	
	动力或动力—照明配电箱			熔断器式隔离开关	
	照明配电箱（屏）			避雷器	
	事故照明配电箱（屏）		MDF	总配线架	
	室内分线盒		IDF	中间配线架	
	室外分线盒			壁龛交接箱	
	灯的一般符号			分线盒的一般符号	
	球型灯			单极开关（暗装）	
	顶棚灯			双极开关	
	花灯			双极开关（暗装）	

续表

图　例	名　　称	备　注	图　例	名　　称	备　注
	弯灯			三极开关	
	荧光灯			三极开关（暗装）	
	三管荧光灯			单相插座	
	五管荧光灯			暗装插座	
	壁灯			密闭（防水）插座	
	广照型灯（配照型灯）			防爆插座	
	防水防尘灯			带保护接点的插座	
	开关的一般符号			带接地插孔的单相插座（暗装）	
	单极开关			密闭（防水）	
	指示式电压表			防爆	
	功率因数表			带接地插孔的三相插座	
	有功电能表（瓦时计）			带接地插孔的三相插座（暗装）	
	电信插座的一般符号,可用以下文字或符号区别不同插座：TP—电话；FX—传真；M—传声器；FM—调频；TV—电视；⟶扬声器			插座箱（板）	

续表

图　例	名　　称	备　注	图　例	名　　称	备　注
	单极限时开关		Ⓐ	指示式电流表	
	调光器			匹配终端	
	钥匙开关			传声器的一般符号	
	电铃			扬声器的一般符号	
	天线的一般符号			感烟探测器	
	放大器的一般符号			感光火灾探测器	
	分配器，两路，一般符号			气体火灾探测器（点式）	
	三路分配器		CT	缆式线型定温探测器	
	四路分配器			感温探测器	
	电线、电缆、母线、传输通路的一般符号 三根导线 三根导线 n 根导线			手动火灾报警按钮	
	接地装置 (1)有接地极 (2)无接地极			水流指示器	
F	电话线路		★	火灾报警控制器	

图　　例	名　　称	备　　注	图　　例	名　　称	备　　注
—— V ——	视频线路		 ⌂	火灾报警电话机（对讲电话机）	
—— B ——	广播线路		EEL	应急疏散指示标志灯	
 ◓	消火栓		EL	应急疏散照明灯	

二、电气图中灯具、设备及管线的标注方法

1. 灯具的标注方法

灯具的标注是指在灯具旁按灯具标注规定标注灯具的数量 a、型号 b、灯具中的光源数量 c 和容量 d、悬挂高度 e、安装方式 f 和光源种类 L。灯具光源按发光原理分为热辐射光源（如白炽灯和卤钨灯）和气体放电光源（荧光灯、高压汞灯、金属卤化物灯）。

照明灯具的标注格式为

$$a - b \frac{c \times d \times L}{e} f$$

式中，a 为灯数量；b 为型号或编号；c 为每盏灯具的灯泡数量；d 为灯泡容量（单位为 W）；e 为灯泡安装高度（单位为 m，吸顶安装时用"——"表示）；f 为安装方式；L 为光源种类。光源种类及代号如表 4.2 所示，灯具安装方式代号如表 4.3 所示。

表 4.2　光源种类及代号

光　源　种　类	拼　音　代　号	英　文　代　号
白炽灯	B	IN
荧光灯	Y	FL
卤钨灯	L	IN
汞灯	G	Hg
钠灯	N	Na
氖灯		Ne
电弧灯		ARC
红外线灯		IR
紫外线灯		UV

表 4.3　灯具安装方式代号

1	线吊式	X	CP	9	吸顶式或直附式	D	S
2	自在器吊式	X	CP	10	嵌入式（不可进人的顶棚）	R	R
3	固定线吊式	X1	CP1	11	顶棚内安装（不可进人的顶棚）	DR	CR
4	防水吊线式	X2	CP2	12	墙壁内安装	BR	WR
5	吊线器式	X3	CP3	13	台上安装	T	T
6	链吊式	L	Ch	14	支架上安装	J	SP
7	管吊式	G	P	15	柱上安装	Z	CL
8	壁装式	B	W	16	座装	ZH	HM

【例 1】　5—YZ40 2×40/2.5Ch 表示 5 盏 YZ40 直管型荧光灯，每盏灯具中装设 2 个功率为 40 W 的灯管，灯具的安装高度为 2.5 m，灯具采用链吊式安装方式。如果灯具为吸顶安装，则安装高度可用"—"表示。在同一房间内的多盏相同型号、相同安装方式和相同安装高度的灯具，可以只标注一处。

【例 2】　20—YU60 1×60/3CP 表示 20 盏 YU60 型 U 形荧光灯，每盏灯具中装设 1 个功率为 60 W 的 U 形灯管，灯具采用线吊安装，安装高度为 3 m。

2.　配电线路的标注方法

配电线路的标注用以表示线路的敷设方式及敷设部位，通常采用英文字母表示。配电线路的标注格式如下。

1）电缆的表示

$$a-b\,[c(d\times e)-f\,]-g$$

2）电线的表示

$$c-d\times e-f-g$$

式中，a 为回路编号；b 为并列电缆或导线根数（一根可以省略）；c 为电缆或导线型号；d 为电缆芯线或导线根数；e 为电缆芯线或导线截面积（mm^2）；f 为线路敷设方式及保护管径（mm^2）；g 为敷设部位。

导线敷设方式及敷设部位的标注如表 4.4 所示。

表 4.4　导线敷设方式及敷设部位的标注

序　号	名　　称	旧　代　号	新　代　号
导线敷设方式的标注			
1	用瓷或瓷柱敷设	CP	K

序　号	名　称	旧代号	新代号
2	用塑料线敷设	XC	PR
3	用钢线槽敷设	GC	SR
4	穿焊接钢管敷设	G	SC
5	穿电线管敷设	DG	TC
6	穿聚氯乙烯管敷设	VG	PC
7	穿阻燃半硬聚氯乙烯管敷设	ZVG	FPC
8	用电缆桥架敷设		CT
9	用瓷夹敷设	CJ	PL
10	用塑料夹敷设	VJ	PCL
11	穿蛇皮管敷设	SPG	CP
导线敷设部位的标注			
1	沿钢索敷设	S	SR
2	沿屋架或跨屋架敷设	LM	BE
3	沿柱或跨柱敷设	ZM	CLE
4	沿墙面敷设	QM	WE
5	沿天棚面或顶板面敷设	PM	CE
6	在能进入的吊顶内敷设	PNM	ACE
7	暗敷设在梁内	LA	BC
8	暗敷设在柱内	ZA	CLC
9	暗敷设在墙内	QA	WC
10	暗敷设在地面或地板内	DA	FC
11	暗敷设在屋面或顶板内	PA	CC
12	暗敷设在不能进入的吊顶内	PNA	ACC

【例1】　BV(3×50+1×25)SC50—FC 表示线路是铜芯塑料绝缘导线，三根为 50 mm^2，一根为 25 mm^2，穿管径为 50 mm 的钢管沿地面暗敷。

【例2】　BLV(3×60+2×35)SC70—WC 表示线路为铝芯塑料绝缘导线，三根为 60 mm^2，两根为 35 mm^2，穿管径为 70 mm 的钢管沿墙暗敷。

3. 照明配电箱的标注方法

例如，型号为 XRM1—A312M 的照明配电箱的标注如图 4.1 所示，表示该照明配电箱为嵌墙安装，箱内装设 1 个型号为 DZ20 的进线主开关，12 个单相照明出线开关。

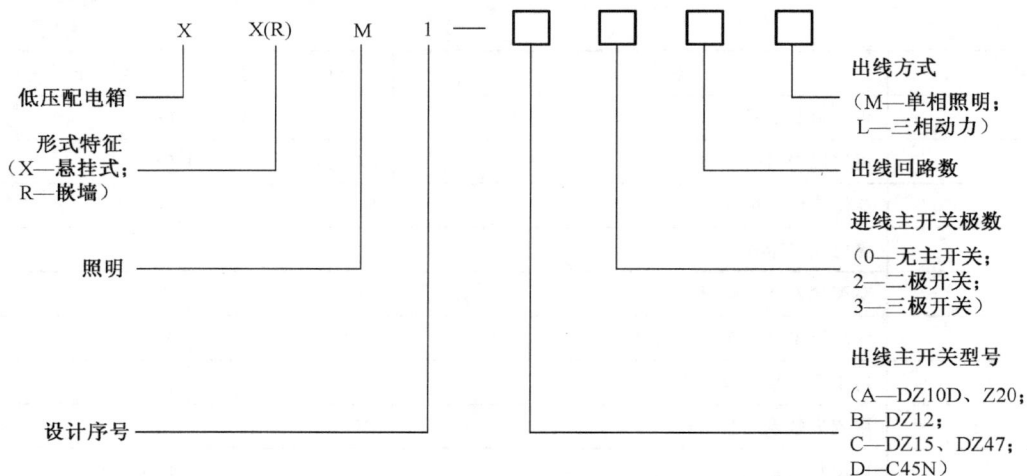

图 4.1　型号为 XRM1—A312M 的照明配电箱的标注

三、家庭配电工程图的阅读方法

（1）熟悉电气图例符号，弄清图例、符号所代表的内容。常用的电气工程图例及文字符号可参见国家颁布的《电气图形符号标准》。

（2）针对一套电气施工图，一般应先按以下顺序阅读，然后再对某部分内容进行重点识读。

① 看标题栏及图纸目录：了解工程名称、项目内容、设计日期及图纸内容、数量等。

② 看设计说明：了解工程概况、设计依据等，了解图纸中未能表达清楚的各有关事项。

③ 看设备材料表：了解工程中所使用的设备、材料的型号、规格和数量。

④ 看系统图：了解系统的基本组成，主要电气设备、元件之间的连接关系，以及它们的规格、型号、参数等，掌握该系统的组成概况。

⑤ 看平面布置图：看照明平面图、防雷接地平面图等，了解电气设备的规格、型号、数量及线路的起始点、敷设部位、敷设方式和导线根数等。平面图的阅读可按照以下顺序进行：电源进线→总配电箱→干线→支线→分配电箱→电气设备。

⑥ 看控制原理图：了解系统中电气设备的电气自动控制原理，以指导设备安装调试工作。

⑦ 看安装接线图（透视图）：了解电气设备的布置与接线。

⑧ 看安装大样图：了解电气设备的具体安装方法、安装部件的具体尺寸等。

（3）抓住电气施工图要点进行识读。在识图时，应抓住要点进行识读，如：

① 在明确负荷等级的基础上，了解供电电源的来源、引入方式及路数；

② 了解电源的进户方式是由室外低压架空引入还是电缆直埋引入；

③ 明确各配电回路的相序、路径、管线敷设部位、敷设方式及导线的型号和根数；

④ 明确电气设备、器件的平面安装位置。

（4）结合土建施工图进行阅读。电气施工与土建施工结合得非常紧密，施工中常常涉及各工种之间的配合问题。电气施工图只反映了电气设备的平面布置情况，结合土建施工图的阅读可以了解电气设备的立体布设情况。

（5）熟悉施工顺序，便于阅读电气施工图。例如，识读配电系统图、照明与插座平面图时，应首先了解室内配线的施工顺序：

① 根据电气施工图确定设备安装位置、导线敷设方式、敷设路径及导线穿墙或楼板的位置；

② 结合土建施工进行各种预埋件、线管、接线盒、保护管的预埋；

③ 装设绝缘支持物、线夹等，敷设导线；

④ 安装灯具、开关、插座及电气设备；

⑤ 进行导线绝缘测试、检查及通电试验；

⑥ 工程验收。

（6）识读时，施工图中的各图纸应协调配合阅读。

对于具体工程来说：

① 为说明配电关系需要有配电系统图；

② 为说明电气设备、器件的具体安装位置需要有平面布置图；

③ 为说明设备工作原理需要有控制原理图；

④ 为表示元件连接关系需要有安装接线图；

⑤ 为说明设备、材料的特性、参数需要有设备材料表等。

这些图纸各自的用途不同，但相互之间有联系并协调一致。因此，在识读时，应根据需要，将各图纸结合起来识读，以达到对整个工程或分部项目全面了解的目的。

任务实施

一、家庭配电工程图识读举例

现有某家庭配电工程图如图 4.2 所示，其控制箱配电系统图如图 4.3 所示。

照明平面图：

图 4.2 某家庭配电工程图

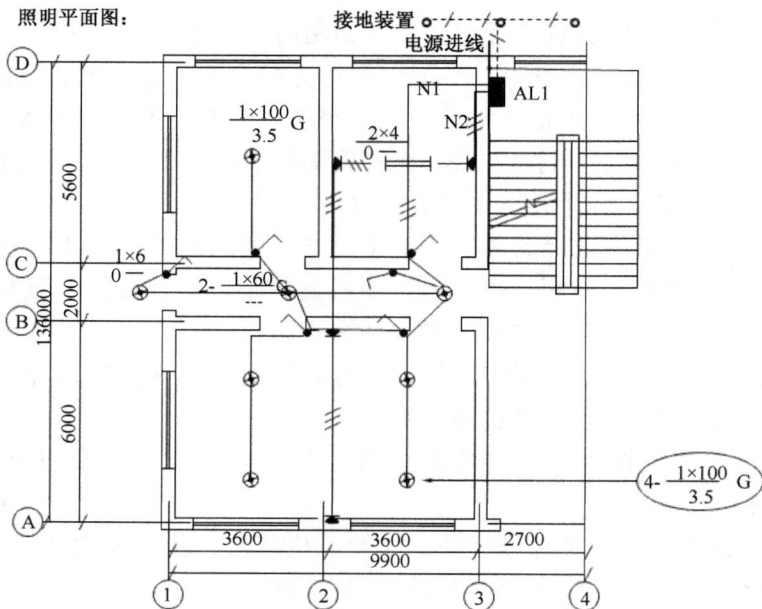

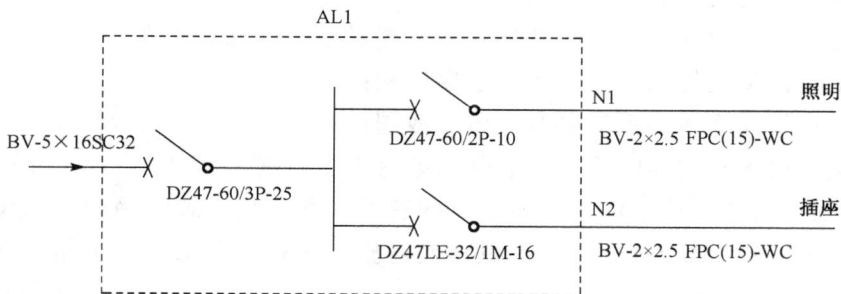

图内设备标注含义：

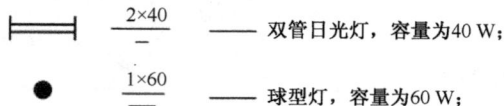

2×40 ／ —— 双管日光灯，容量为40 W；

1×60 ／ —— 球型灯，容量为60 W；

2- 1×60 ／ P —— 防水防尘灯，两盏各为60 W；

4- 1×100／3.5 P —— 防水防尘灯，容量为100 W/4盏 吊管安装，安装高度为3.5 m；

图 4.3 某家庭配电工程控制箱配电系统图

从图 4.3 中可以看出，进户线为 BV-5×16SC32，表示线路是铜芯塑料绝缘导线，数量为 5 根，截面积为 16 mm^2，穿管径为 32 mm 的钢管敷设。进户后进入配电箱，配电箱编号为 AL1，进箱后先经过一总断路器。该断路器的型号为 DZ47-60/3P-25，表示此断路器为塑料外壳，额定电流为 25 A 的三相断路器。

　　从总断路器出来后分成两个回路，一个是照明回路 N1，另一个是插座回路 N2。照明回路有一个型号为 DZ47-60/2P-10 的断路器，表示此断路器为塑料外壳，额定电流为 10 A 的两极断路器；插座回路有一个型号为 DZ47LE-32/1N-16 的开关，表示开关型号是 DZ47，带漏电保护，额定电流是 32 A，单相，整定电流是 16 A（整定电流就是空气开关或接触器的过流保护装置的动作电流值，这个数值需要调整，以保证在过流时跳闸，该数值既不能小，也不能大，小了会误动作，大了不起保护作用，这个调整就叫整定）。

　　照明回路出电箱的配线型号为 BV-2×2.5FPC（15）-WC，表示线路是铜芯塑料绝缘导线，数量为两根，截面积为 2.5 mm^2，穿管径为 15 mm 的阻燃半硬聚氯乙烯管暗敷在墙内。

　　此照明线从配电箱引出来两条线，其中一条零线过双管日光灯再到墙壁开关，另一条火线到达墙壁开关后返回日光灯，因此从开关到日光灯有 3 条线。从上面的墙壁开关引出两条线过走道的 3 个防水防尘灯，3 个防水防尘灯的开关均设在走道的墙壁上，再从第一个防水防尘灯引出两条线进入大厅门口边的墙壁开关内，并从中引出两条线到第一排防水防尘灯（共两盏），另外引出两条线到大厅的另一扇门的墙壁开关内，并从中引出两条线到第二排防水防尘灯（共两盏）。

　　从配电箱出来的另一个插座回路较简单，先进入第一个房间的插座内，再到此房间另一边的插座内，然后走到大厅内的第一个插座，最后到大厅的另一个插座内。插座回路均为 3 条线，其中一条为火线，一条为零线，一条为地线。

　　第一个房间的光源采用两个 40 W 的日光灯，吸顶安装；第二个房间的光源采用 1 个 100 W 的防水防尘灯，管吊式安装，灯的安装高度为 3.5 m；走道的光源采用 3 个 60 W 的防水防尘灯，吸顶安装；大厅的光源采用 4 个 100 W 的防水防尘灯，管吊式安装，灯的安装高度为 3.5 m。

想一想

　　（1）在图 4.2 中，大厅内采用一个开关控制两盏灯，如何接线？
　　（2）请读者自行画出图 4.2 中的接线透视图[参照图 4.15（b）来画]。

任务二　低压配电系统接地及安全

任务描述

在家庭配电工程施工中需要了解配电安全知识，本任务介绍家庭配电工程的配电安全知识。

学习目标

（1）了解家庭配电工程配电安全知识。

（2）熟悉家庭配电工程接地及安全。

知识平台

一、家庭配电工程接地的原因

家庭中用到非常多的电器，这些电器在出厂时都标注有地线接线端，其主要作用是一旦电器因出现漏电而导致电器外壳带电，这些泄漏的电荷就可通过地线引入大地中去，从而可以防止人身触电事故，并可保证设备正常运行。因此，在家庭配电工程中接地非常重要。

二、家庭配电工程接地形式的分类

家庭配电工程属于低压配电工程领域，其接地形式可以分为三类：TN 系统、TT 系统、IT 系统。

1．TN 系统

TN 系统是指电源中性点直接接地、用电设备外露可导电部分通过保护线与接地点连接的系统。按照中性线与保护线的组合情况，TN 系统又可分为 3 种形式：TN-S 系统、TN-C 系统、TN-C-S 系统。

2．TT 系统

TT 系统是指电源中性点直接接地、用电设备外露可导电部分也直接接地的系统。通常将电源中性点的接地叫做工作接地，而将用电设备外露可导电部分的接地叫做保护接地，如图 4.4 所示。

TT 系统中负载的所有接地均称为保护接地。

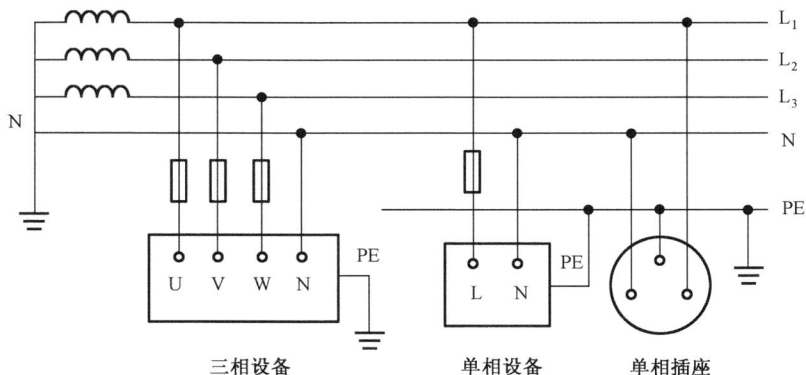

图 4.4　TT 系统

在 TT 系统中，工作接地和保护接地这两个接地必须是相互独立的。对于设备接地，既可以是每一个设备都有各自独立的接地装置，也可以由若干设备共用一个接地装置。

TT 系统的特点：

（1）共用接地线与工作零线没有电的联系；

（2）正常运行时，工作零线可以有电流，而专用保护线没有电流。

3．IT 系统

IT 系统是指电源中性点不接地、用电设备外露可导电部分直接接地的系统。IT 系统可以有中性线。但 IEC 强烈建议不设置中性线（因为如果设置中性线，在 IT 系统中，当 N 线任何一点发生接地故障后，该系统就将不再是 IT 系统了），如图 4.5 所示。

在 IT 系统中，连接用电设备外露可导电部分和接地体的导线就是 PE 线。

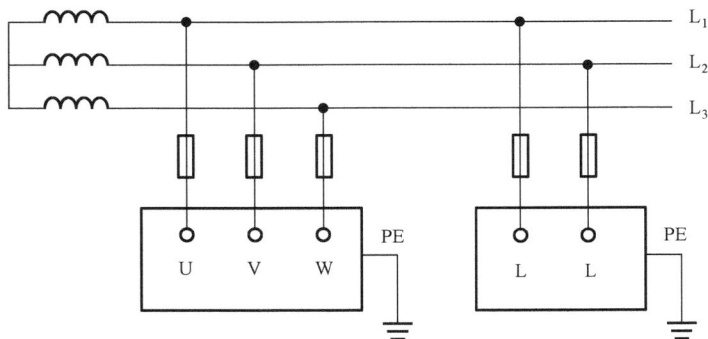

图 4.5　IT 系统

4．TN-S、TN-C、TN-C-S 系统的区别

1）TN-S 系统

TN-S 系统的中性线 N 与 TT 系统相同。与 TT 系统不同的是，在 TN-S 系统中，用电设备外露可导电部分通过 PE 线连接到电源中性点上，与系统中性点共用接地体，而不是连接到自己专用的接地体上，即中性线（N 线）和保护线（PE 线）是分开的。TN-S 系统的最大特征是 N 线与 PE 线在系统中性点分开后，不能再有任何电气连接，这一条件一旦破坏，TN-S 系统便不再成立。TN-S 系统如图 4.6 所示。

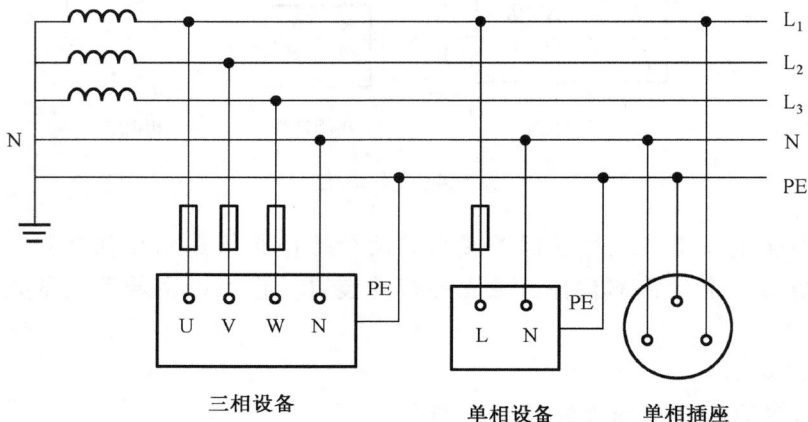

图 4.6　TN-S 系统

2）TN-C 系统

TN-C 系统是将 PE 线和 N 线的功能综合起来，由一根称为 PEN 线的导体同时承担两者的功能。在用电设备处，PEN 线既连接到负荷中性点上，又连接到用电设备外露可导电部分上。由于它所固有技术上的种种弊端，使得它现在已很少被采用，尤其是在民用配电中已基本上不允许采用 TN-C 系统。TN-C 系统如图 4.7 所示。

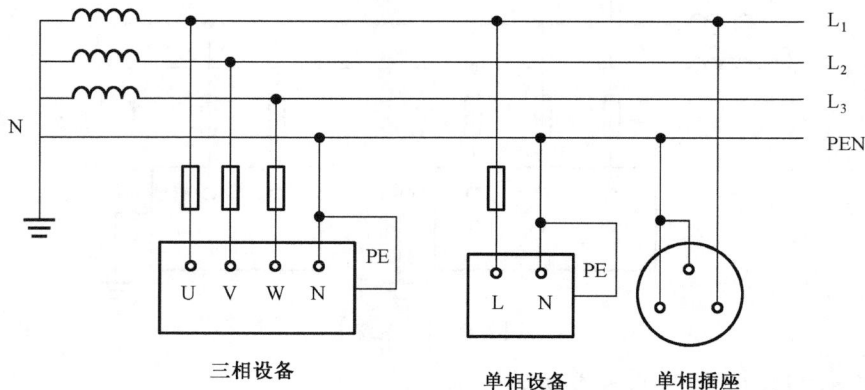

图 4.7　TN-C 系统

注：TN-C 系统主要应用在三相动力设备比较多的场合，如工厂、车间等中，这是因为它少配一根线，比较经济。

3）TN-C-S 系统

TN-C-S 系统是 TN-C 系统和 TN-S 系统的结合形式。在 TN-C-S 系统中，从电源出来的那一段采用 TN-C 系统，因为在这一段中无用电设备，只起电能的传输作用；到用电负荷附近某一点处，将 EN 线分开形成单独的 N 线和 PE 线，从这一点开始，系统相当于 TN-S 系统。TN-C-S 系统如图 4.8 所示。

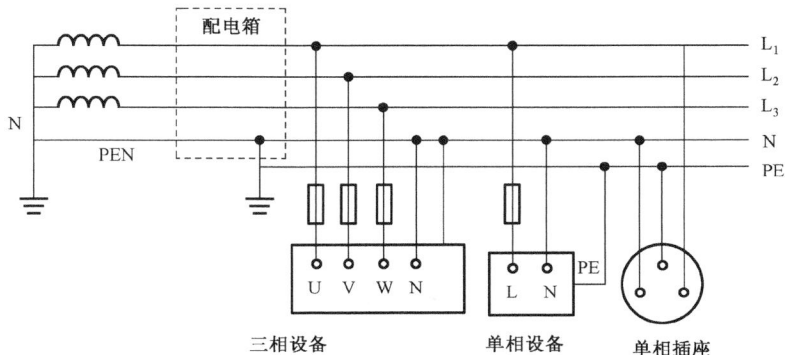

图 4.8　TN-C-S 系统

TN-C-S 系统的特点与运用：系统中前一部分的中性线（N）与保护线（PE）是合一的，它主要运用在配电线路为架空配线，用电负荷较分散，距离又较远的系统中；也可以在线路进入建筑时，对中性线进行重复接地，同时再分出一根保护线，这是因为外线少配一根线会比较经济。

三、防触电保护类型

1. 直接接触保护

直接接触保护即用电设备正常时的电击保护。有以下几种保护方式：对带电体进行绝缘；采用遮拦和外护物的保护；用漏电电流动作保护装置作为后备保护等。

2. 间接接触保护

间接接触保护即在用电设备故障情况下漏电的电击保护。有以下几种保护方式：

（1）自动切断电源的保护（包括漏电电流动作保护），并辅以总等电位连接；

（2）使工作人员不致同时触及 2 个不同电位点的保护（即非导电场所的保护）；

（3）使用双重绝缘或加强绝缘的保护；

（4）采用不接地的局部等电位连接的保护；

（5）采用电气隔离等。

3. 直接接触及间接接触兼顾的保护方法

宜采用安全超低压或功能超低压的保护方法来实现直接接触及间接接触兼顾的保护。

四、接地与接零的区别

（1）保护接地就是把电气设备的金属外壳用导线和埋在地板中的接地装置连接起来。为保证接地效果，接地电阻应小于 4 Ω。采取保护措施后，即使外壳因绝缘不好而带电，当工作人员碰到外壳时相当于人体与接地电阻并联，而人体的电阻远比接地电阻大，因此流过人体的电流极为微小，从而保证了人身安全。此种安全措施适用于系统中性点不接地的低压电网。

（2）保护零线就是在电源中性点接地的三相四线制中，把电气设备的金属外壳与中性线连接起来。此时，如果电气设备的绝缘损坏而碰壳，由于中性线的电阻小，导致短路电流很大，立即使电路中的熔丝烧断，切断电源，从而消除了触电危险。此种安全措施适用于系统中性点直接接地的低压电网。

任务实施

请读者按照图 4.8 在操作板（自行购买）上安装一个 TN-C-S 系统。

想一想

一般家用电器采用何种接地保护方式？

任务三　简单配电线路的设计、安装与调试

任务描述

根据要求，完成一表、一箱、一灯、一插座的设计、安装与调试。要求线路采用线管明装，控制箱采用明装。

学习目标

（1）掌握简单配电线路的设计思路。
（2）熟悉简单配电线路的安装与调试工艺。

知识平台

一、配电线路的基本组成

通常来说，配电线路由以下几部分组成。

1. 电度表

电度表也称电表，是用于记录用户消耗电能多少的仪表。其基本参数有额定电压、额定电流、频率与电度表常数。单相电度表如图 4.9 所示。

图 4.9　单相电度表

2. 断路器（漏电保护开关）

如图 4.10 所示，断路器是家装电路中常见的保护元件，其作用如下：

（1）接通和断开电源；

（2）线路或设备的过载保护；

（3）线路或设备的短路保护；

（4）线路或设备的漏电保护与人身触电保护。

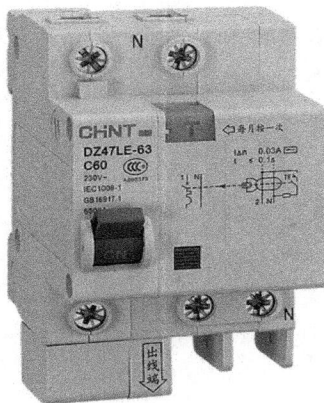

图 4.10　常见断路器

3. 连接导线

连接导线是家装电路中的电能传输介质。目前，家装电路常使用硬铜质绝缘线，其绝缘保护层材料为聚乙烯材料，行业中常用其铜芯截面尺寸（平方毫米，也称多少平方）来描述其规格。

4. 空气开关

空气开关是家装电路中常见的开关元件，其作用如下所示：

（1）接通和断开电源；

（2）线路或设备的过载保护；

（3）线路或设备的短路保护。

常见空气开关如图 4.11 所示。

5. 开关、插座

开关在电路中通常可分为单联开关与双联开关两种。单联开关分为一位、两位、三位等多位开关，并集中在一个板面上。家装电路中常用开关有拇指开关与翘板开关。翘板开关由于与手指接触的面积大，在家装电路中受到了广泛欢迎。常见拇指开关与翘板开关如图 4.12 所示。

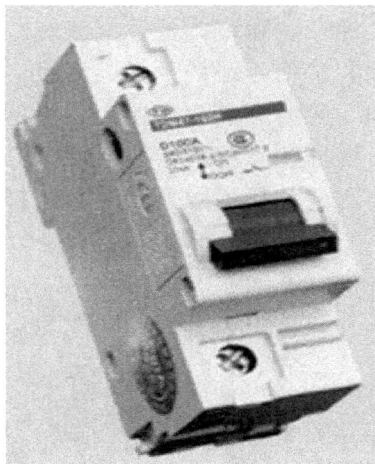

图 4.11　常见空气开关

图 4.12　常见拇指开关与翘板开关

　　插座是指有一个或一个以上电路接线可插入的座，通过它可插入各种接线，便于与其他电路接通。电源插座是为家用电器提供电源接口的电气设备，也是住宅电气设计中使用较多的电气附件，它与人们的生活有着十分密切的关系。现在也有将开关与插座组合在一起的开关插座，如图 4.13（a）所示，如图 4.13（b）所示为其背面。

　　6. 照明灯具

　　照明灯具的作用已经不仅仅局限于照明，更多的时候它起到的是装饰作用。因此，照明灯具的选择更加复杂，不仅涉及安全、省电，而且会涉及材质、种类、风格品位等诸多因素。一个好的灯饰，可能成为装修的灵魂。

　　照明灯具的品种很多，有吊灯、吸顶灯、台灯、落地灯、壁灯、射灯等；照明灯具的颜色也有很多，有透明、纯白、粉红、浅蓝、淡绿、金黄、奶白等。选择照明灯具时，不要只考虑灯具的外形和价格，还要考虑其亮度。舒适的亮度应该是光线不刺眼、经过安全处理、清澈柔和。照明灯具应按照居住者的职业、爱好、情趣、习惯进行选配，并应考虑家具陈设、墙壁色彩等因素。照明灯具的大小与空间的比例有很密切的关系，选购时，应考虑实用性和摆放效果，只有这样才能实现空间的整体性和协调性。

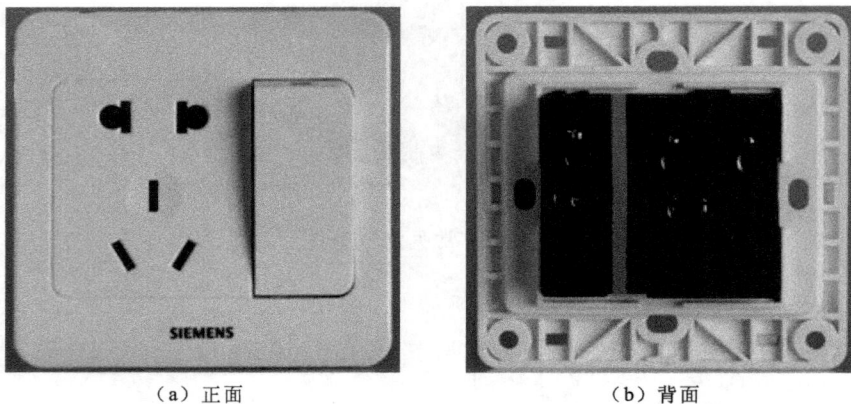

（a）正面　　　　　　　　　　　　　　（b）背面

图 4.13　五孔开关插座

目前家装电路中还采用了节能的发光二极管灯具，也称 LED 灯具，它具有高效、节能、长寿、小巧等技术特点，现正逐步成为新一代照明市场的主力产品，有力地拉动了环保节能产业的高速发展。家装电路中常用照明灯具如图 4.14 所示。

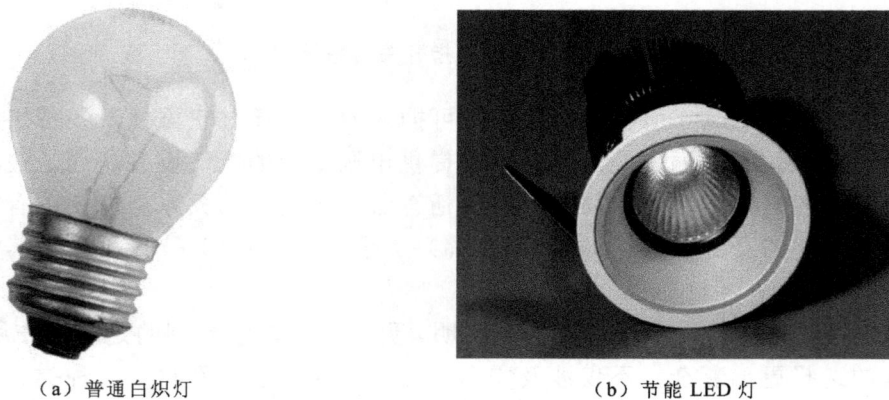

（a）普通白炽灯　　　　　　　　　　　（b）节能 LED 灯

图 4.14　家装电路中常用照明灯具

二、家庭中的三种用电线路

（1）照明电路：用于家中的照明和装饰。

（2）空调线路：电流大，需要单独控制。

（3）插座线路：用于给家电供电。

注：为了避免在日常生活中三种线路互相影响，常将这三种线路分开安装布线，并根据需要来选择相应的断路器。

任务实施

训练方式和手段

1．学生身份

每组6人，其中项目负责人1人，设计师2人，施工员2人，监理员1人。

2．训练步骤

（1）教师下发任务与建筑平面图、配电要求。

（2）项目负责人组织，设计师收集资料、分析任务、制定项目进度表。

（3）项目负责人组织，设计师设计平面图与施工图。

（4）项目负责人组织，设计师、施工员召开碰头会，审定图纸与施工方案，监理员做好会议记录，项目负责人签字。

（5）项目负责人组织，施工员依图施工，设计员从旁指导，监理员检查安全与进度。

（6）项目负责人组织，设计师、施工员开展调试，监理员填写调试报告，项目负责人签字，监理员检查安全。

（7）项目负责人组织，设计师、施工员、监理员一起进行工程验收，监理员填写验收报告，项目负责人签字。

（8）项目成果展示与项目总结：项目负责人组织，设计员、施工员、监理员一起加入，指导教师加入旁听。

3．成果展示

（1）设计书（施工图）、项目进度表。

（2）调试报告。

（3）验收报告。

（4）会议记录。

（5）工地现场照片展示（施工前、施工中、施工完毕后）。

一、项目实施进度表的制作

制作项目实施进度表，即设计工程进度计划，可为实际进度提供依据，检查工程进度是提前还是滞后。常见项目实施进度表的横向为时间进度，纵向为工程项目内容，如表 4.5 所示。

表 4.5　常见项目实施进度表

时间 项目	第 10 周					
	5 月 8 日	5 月 9 日	5 月 10 日	5 月 11 日	5 月 12 日	5 月 13 日
施工图	———————	———————				
施工			———————	———————		
调试					——	
验收					———————	
总结						——

二、平面图与施工图的设计

根据项目要求，将电能表置于控制电箱内，并在其中配置一个两极的隔离开关作为总开关，在墙壁上设置一个单极单控开关控制白炽灯。整个线路配置如下：

（1）从配电箱出来三条线到墙壁开关，其中一条是相线（L 线），一条是中性线（N线），一条是地线（PE 线）；

（2）从开关到灯座之间有四条线，其中一条是相线（L 线），一条是控制线，一条是中性线（N 线），一条是地线（PE 线）；

（3）从灯座到插座之间有三条线，其中一条是相线（L 线），一条是中性线（N 线），一条是地线（PE 线）。

根据家装配电要求，灯与插座回路均采用 2.5 mm^2 的绝缘硬质铜芯线；配电箱内配置一个 DD862-4 型 3（6）A 单相电能表，其使用电压为 220 V；总开关采用带漏电保护性能的 DZ47LE-32-C32 断路器，其配电平面图如图 4.15（a）所示，布线透视图如图 4.15（b）所示。配电箱系统图如图 4.16 所示。

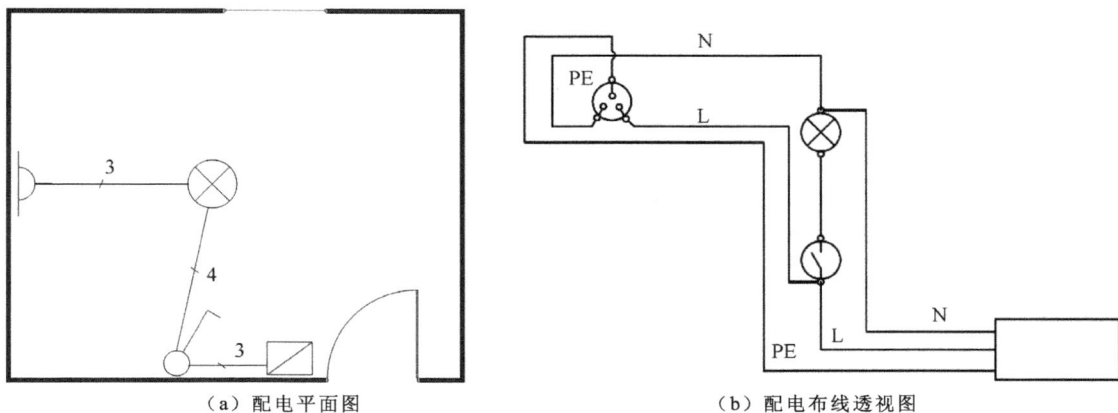

（a）配电平面图　　　　　　　　（b）配电布线透视图

图 4.15　配电平面图与配电布线透视图

三、配电施工

从图 4.16 可知，本项目采用 2.5 mm^2 的绝缘硬质铜芯线，穿 DN20PVC 管沿墙面或天花明装。工程中的相线（火线 L）一般采用红色铜芯线，中性线（零线 N）一般采用绿色铜芯线，地线（PE 线）一般采用黄绿双色线。

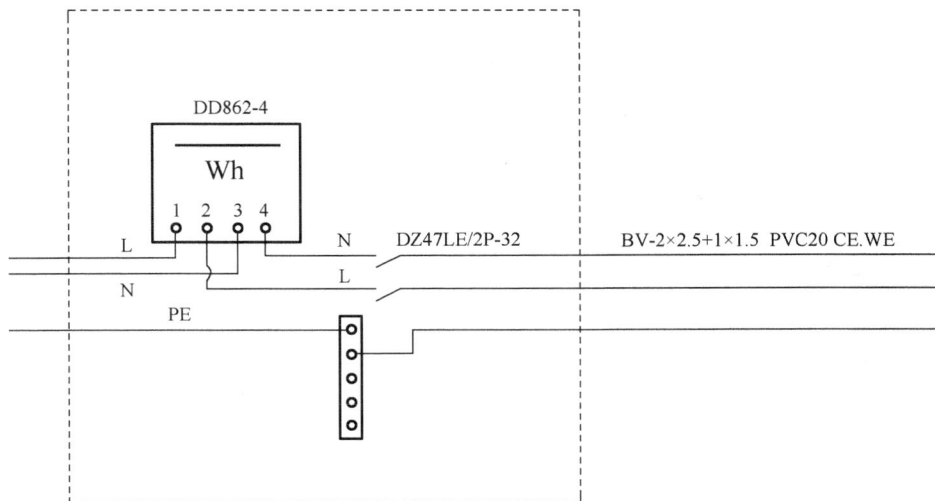

图 4.16　配电箱系统图

1．施工步骤

（1）画线：确定线路终端插座、开关、面板的位置，在墙面标画出准确的位置和尺寸。

（2）安装开关及插座、灯座底盒及敷设 PVC 电线管。

（3）穿线。

（4）安装开关、插座面板、配电箱和灯具。

（5）检查。

2．电路的施工要点

（1）设计布线时，线管要横平竖直，避免交叉，美观实用。

（2）当管线长度超过 15 m 或有两个直角弯时，应增设拉线盒。天棚上的灯具位应设拉线盒来固定。

（3）PVC 管应用管卡固定。PVC 管接头均采用配套接头，用 PVC 胶水粘牢，且弯头均用弹簧弯曲。底盒、拉线盒与 PVC 管用锣接（杯锁）固定。

（4）PVC 管安装好后，统一穿电线；同一回路的电线应穿入同一根管内，但管内总根数不应超过 8 根；电线的总截面积（包括绝缘外皮）不应超过管内截面积的 40%。

（5）电线与暖气、热水、煤气管之间的平行距离不应小于 300 mm，交叉距离不应小于 100 mm。

（6）穿入配管导线的接头应设在接线盒内，线头要留有 150 mm 余量；接头搭接应牢固，绝缘带包缠应均匀紧密。

（7）安装电源插座时，面向插座的左侧应接零线（N），右侧应接相线（L），中间上方应接保护地线（PE）。保护地线为 1.5 mm^2 的双色软线。

（8）连接开关、螺口灯具导线时，相线应先接开关，开关引出的相线应接在灯中心的端子上，零线应接在螺纹端子上。

（9）导线间和导线对地间的电阻必须大于 0.5 MΩ。

（10）电源插座底边距地宜为 300 mm，平开关板底边距地宜为 1300 mm。

（11）配电箱的安装高度不应低于 1500 mm。

（12）安装开关面板、插座面板及灯具时应注意清洁，各面板及灯具宜安排在最后一道安装工序。

3．导线与接线端子插孔连接方法的要点

1）接法要点

（1）尽可能增加导线与插座接线端子的接触面积（即尽可能用导线线头将插座的接线孔塞满、塞实）。

（2）尽可能紧密相连（即拧紧固定螺钉，但不要过头）。

2）接法说明

（1）尽可能增加导线与插座接线端子的接触面积，以扩宽电流的"通路"。

（2）尽可能紧密接触：导体与导体相连、导体与负载相连，要做到接触良好。

3）增加导线与插座接线端子的接触面积的方法

（1）在日常电工作业中，导线与各元件接线端子的连接有直接接入法和 U 型接入法两种，如图 4.17 所示。为保证质量最好采用"U 型线头"接法。

（2）在日常电工作业中，在条件允许下，导线宜采用"不间断"接法，如图 4.18 所示。

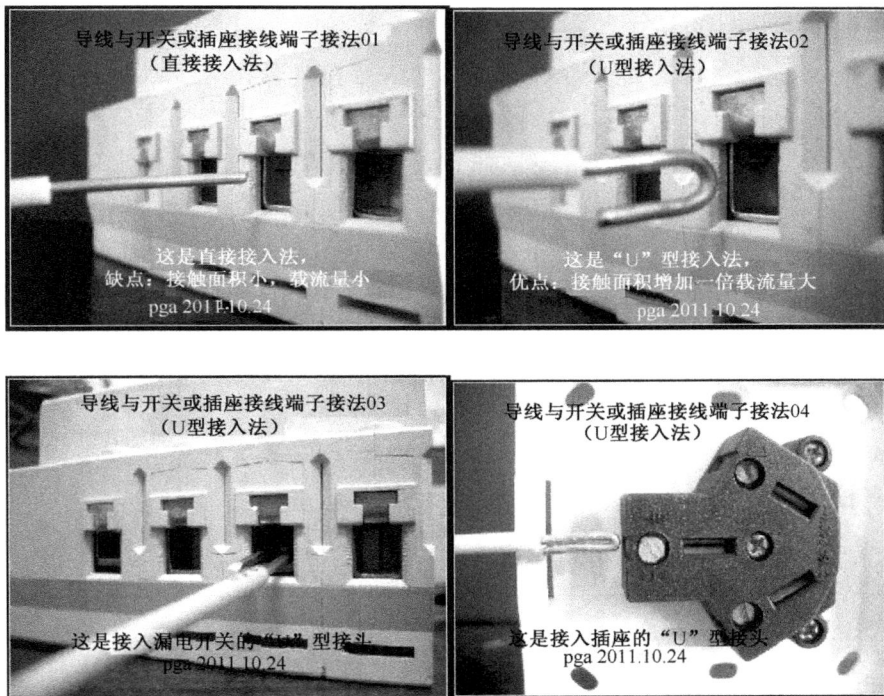

图 4.17　直接接入法与 U 型接入法

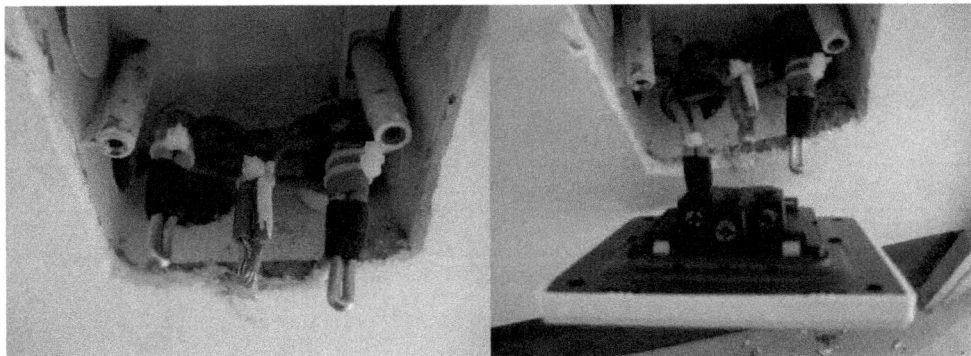

图 4.18　导线的"不间断"接法

四、调试验收

1. 调试验收注意事项

调试验收是工程施工的最后一个步骤，也是工程质量全面考核的阶段，需设计、施工、监理三方一起进行。调试验收时需要注意以下事项：

（1）电线的布线是否按工艺规范进行；

（2）开关、插座位置是否按要求安装到位，数量是否符合要求；

（3）接头是否按国家规范要求接驳、包扎（可以打开胶布抽查）；

（4）插座接线是否按左零右火中接地、有没有接地；

（5）用兆欧表检测导线之间的绝缘电阻，其绝缘电阻值应大于 $0.5\ m\Omega$，且接地电阻不大于 $4\ \Omega$；

（6）通电检查各个开关、插座是否正常通电，可以用灯泡测试是否亮；检查漏电开关是否正常动作；

（7）验收合格后，装修部门按实际施工情况修改完成电路布线图（电路布线图分为照明电路、插座电路两张图纸）。

调试验收可参考表 4.6 开展，需验收人员一项一项认真检查，检查完毕后签名报项目主管审核签字。

表 4.6　家装电路工程施工验收表

工程项目名称：				检验日期：　年　　月　　　日	
项次	项目	质量要求	检验方法	检验数据	检验结果
1	管路	横平竖直	钢尺		□合格 □不合格
2	管内套线	不得超过管内截面积的 40%	目测		□合格 □不合格
3	分色，线径	火红，零绿或蓝，地黄绿或黑，线径是否按图选择	目测		□合格 □不合格
4	同一室内开关插座水平度	不超过 5 mm			□合格 □不合格
5	插座距地距离	离地约 300 mm	钢尺		□合格 □不合格
6	控制箱距地距离	离地约 1500 mm	钢尺		□合格 □不合格
7	管道与底盒安装是否牢固	每段管需 2 个以上管码固定，两管码之间的距离不超过 1.5 m	钢尺，目测		□合格 □不合格

续表

项次	项目	质量要求	检验方法	检验数据	检验结果
工程项目名称：			检验日期：　年　月　日		
8	插座接线	左零右火中地 铜线线头安装牢固，接触良好，无露铜	目测，手扯		□合格　□不合格
9	开关接线	铜线线头安装牢固，接触良好，无露铜	目测，手扯		□合格　□不合格
10	电箱接线	铜线线头安装牢固，接触良好，无露铜；地线安装牢固，所有导线横平竖直并用扎带绑紧，电气元件安装牢固	目测，手扯		□合格　□不合格
11	绝缘电阻测量	大于 0.5 mΩ	兆欧		□合格　□不合格
12	接地电阻	不大于 4 Ω	接地电阻仪		□合格　□不合格
13	漏电开关	漏电动作	按测试按钮		□合格　□不合格
14	工程施工 质量总评价				
检验员签名：			项目主管签名：		

想一想

（1）如何将两根断头导线安全接入插座接线端子？

（2）一根 PVC 管有两个 90°弯头时，该如何穿线？

项目 五 家庭照明系统的设计与安装

▶▶▶▶

任务一 一房一厅一厨一卫照明系统的设计与安装

任务描述

（1）完成一房一厅一厨一卫照明系统的设计。

（2）完成一房一厅一厨一卫照明系统的安装与调试。

一房一厅一厨一卫建筑平面图如图 5.1 所示。

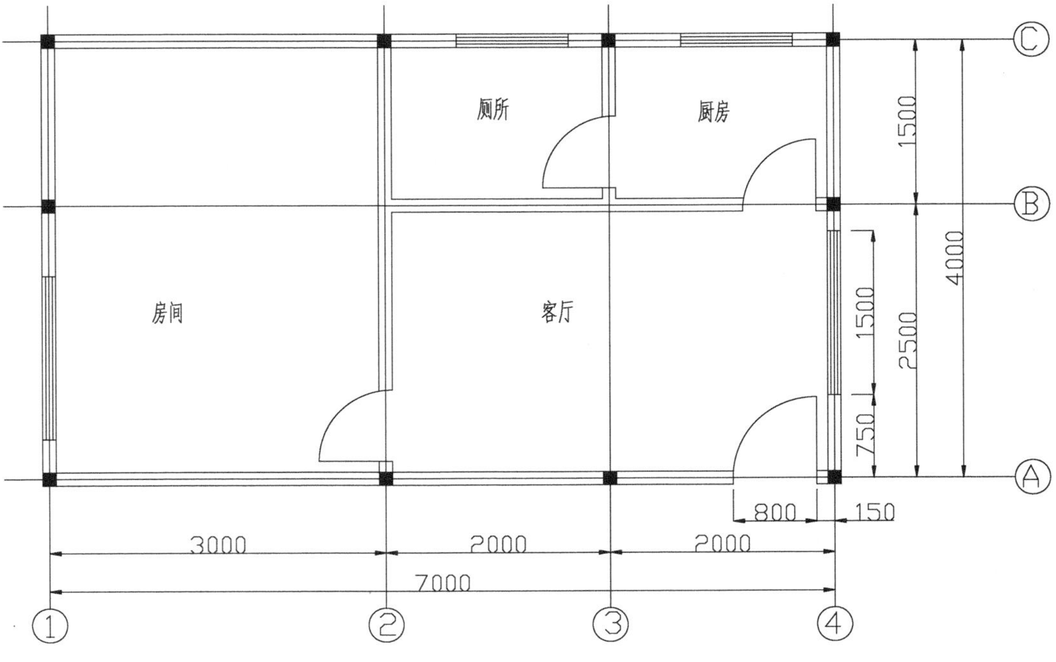

图 5.1 一房一厅一厨一卫建筑平面图

学习目标

（1）进一步了解电气照明图中的图形符号、文字符号和标注代号。

（2）掌握塑料线槽线路的安装工艺，电源插座的安装方法和工艺，相关安全用电知识。

（3）能够识读电气照明图，并按照电气照明图的技术要求和技术指标，完成一个简单室内照明线路的安装与调试。

（4）掌握照明线路的调试及常见故障检测的技能。

（5）掌握线路安装的布线技巧，提高线路安装的工艺水平。

知识平台

一、家居电气配置的一般要求

（1）每套住宅进户处必须设嵌墙式住户配电箱。住户配电箱应设置电源总开关，该开关能同时切断相线和中性线，且有断开标志。每套住宅应设电度表，且电度表箱应分层集中嵌墙暗装在公共部位。

住户配电箱内的电源总开关应采用两极开关，其容量既不能太大，也不能太小；要避免出现与分开关同时跳闸的现象。

电能表箱通常分层集中安装在公共通道上，这是为了便于抄表和管理；嵌墙安装是为了不占据公共通道。

（2）家居电气开关、插座的配置应能够满足需要，并对未来家庭电气设备的增加预留有足够的插座。家居各个房间可能用得到的开关、插座数目如表5.1所示。

表 5.1　家居各个房间可能用得到的开关、插座数目

房　　间	开关或插座名称	数量（个）	说　　明
主卧室	双控开关	2	控制主卧室顶灯。卧室做双控开关非常必要，这个钱不要省，应尽量使每个卧室都采用双控开关
	5孔插座	4	两个床头柜处各1个（用于台灯或落地灯）、电视电源插座1个，备用插座1个
	3孔16A插座	1	空调插座没必要带开关，现在室内控制电箱内一般装有空气开关来控制各回路，不用时将空调的一组单独关掉即可
	有线电视插座	1	——
	电话及网线插座	各1	——

房 间	开关或插座名称	数量（个）	说 明
次卧室	双控开关	2	控制次卧室顶灯
	5孔插座	3	2个床头柜处各1个、备用插座1个
	3孔16A插座	1	用于给空调供电
	有线电视插座	1	——
	电话及网线插座	各1	——
书房	单联开关	1	控制书房顶灯
	5孔插座	3	用于控制台灯、计算机及备用
	电话及网线插座	各	——
	3孔16A插座	1	用于给空调供电
客厅	双控开关	2	用于控制客厅顶灯（有的客厅距入户门较远，每次关灯要跑到门口，因此做成双控的会很方便）
	单联开关	1	用于控制玄关灯
	5孔插座	7	电视机、饮水机、DVD、鱼缸、备用等插座
	3孔16A插座	1	用于给空调供电
	有线电视插座	1	——
	电话及网线插座	各1	——
厨房	单联开关	2	用于控制厨房顶灯、餐厅顶灯
	5孔插座	3	用于控制电饭锅及备用插座
	3孔插座	3	用于控制抽油烟机、豆浆机及备用
	一开3孔10A插座	2	用于控制小厨宝、微波炉
	一开3孔16A插座	2	用于给电磁炉、烤箱供电
	一开5孔插座	1	备用
餐厅	单联开关	3	用于控制灯带、吊灯、壁灯
	3孔插座	1	用于控制电磁炉
	5孔插座	2	备用
阳台	单联开关	2	用于控制阳台顶灯、灯笼照明
	5孔插座	1	备用
主卫生间	单联开关	1	用于控制卫生间顶灯
	一开5孔插座	2	用于给洗衣机、吹风机供电
	一开3孔16A插座	1	用于给电热水器供电（若使用天然气热水器可不考虑安装一开3孔16A插座）
	防水盒	2	用于控制洗衣机和热水器（因为卫生间比较潮湿，用防水盒保护插座，比较安全）
	电话插座	1	——
	浴霸专用开关	1	用于控制浴霸

房间	开关或插座名称	数量（个）	说明
次卫生间	单联开关	1	用于控制卫生间顶灯
	一开5孔插座	1	用于给电吹风供电
	防水盒	1	用于控制电吹风
	电话插座	1	——
走廊	双控开关	2	用于控制走廊顶灯，如果走廊不长，使用一个普通单联开关即可
楼梯	双控开关	2	用于控制楼梯灯
备注	插座要多装，宁滥勿缺。墙上所有预留的开关插座，如果用得着就装，用不着就装空白面板（空白面板简称白板，用来封蔽墙上预留的插线盒，或弃用的开关、插座孔），千万别堵上		

（3）插座回路必须加漏电保护。电气插座所接的负荷基本上都是人手可触及的移动电器（吸尘器、打蜡机、落地或台式风扇）或固定电器（电冰箱、微波炉、电加热淋浴器和洗衣机等）。当这些电器设备的导线受损（尤其是移动电器的导线）或人手可触及电器设备的带电外壳时，就有电击危险。为此，除壁挂式空调电源插座外，其他电源插座均应设置漏电保护装置。

（4）阳台应设人工照明。阳台装设照明，可改善环境、方便使用，尤其是在封闭式阳台装设照明显得十分必要。阳台照明线宜穿管暗敷。若造房时未预埋，应使用护套线明敷。

（5）住宅应设有线电视系统，其设备和线路应满足有线电视网的要求。

（6）每户电话进线不应少于两对，其中一对应接到计算机桌旁，以满足上网需要。

（7）电源、电话、电视线路应采用阻燃型塑料管暗敷。电话和电视等弱电线路也可采用钢管保护，电源线宜采用阻燃型塑料管保护。

（8）电气线路应采用符合安全和防火要求的敷设方式配线，导线应采用铜芯线。

（9）供电线路铜芯线的截面积应满足要求。由电能表箱引至住户配电箱的铜芯线截面积不应小于 10 mm^2，住户配电箱的照明分支回路的铜芯线截面积不应小于 2.5 mm^2，空调回路的铜芯线截面积不应小于 4 mm^2。

（10）防雷接地和电气系统的保护接地是分开设置的。

二、家居电气配置设计的基本思路

家居电路的设计一定要详细考虑可能性、可行性、实用性之后再确定，同时还应该注意其灵活性。下面介绍一些基本设计思路。

（1）卧室顶灯可以考虑三控（两个床边和进门处），按照两个人互不干扰休息的原则设置。

（2）客厅顶灯根据生活需要可以考虑装双控开关（进门厅和回主卧室门处）。

（3）环绕的音响线应该在电路改造时就埋好。

（4）注意强、弱电线不能在同一管道内，否则会有干扰。

（5）客厅、厨房、卫生间如果铺砖，一些位置可以适当考虑不用开槽布线。

（6）插座离地面一般为 30 cm，不应低于 20 cm，开关一般距地 140 cm。

（7）排风扇开关、电话插座应装在马桶附近，而不是进卫生间门的墙边。

（8）浴霸应考虑装在靠近淋浴房或浴缸的正上方位置。

（9）阳台、走廊、衣帽间可以考虑预留插座。

（10）带有镜子和衣帽钩的空间要考虑镜面附近的照明。

（11）客厅、主卧、卫生间应根据个人生活习惯和方便性考虑预设电话线。

（12）插座的安装位置很重要。常有插座正好位于床头柜后边，这会造成柜子不能靠墙的情况发生。

（13）电视机、计算机背景墙的插座可适当多一些，但也没必要设置太多，最好便于以后连接一个插线板放在电视机、计算机的侧面。

（14）电路改造时，有必要根据家电使用情况，考虑进行线路增容。

（15）安装漏电保护器和空气开关的分线盒不要放在室外，要放在室内，防止他人断电搞破坏。

（16）灯带不常用，华而不实。若一定要设计安装灯带，应及时与业主沟通并进行说明。

三、配电箱及控制开关的设计

1．家庭配电箱的设计

由于各家各户用电情况及布线上的差异，配电箱不可能有设计定式，只能根据实际需要确定。一般照明、插座、容量较大的空调或用电器各为一个回路，而一般容量的空调二个合用一个回路。当然，也有厨房、空调（无论容量大小）各占一个回路的，并且在一些回路中应安排漏电保护。家用配电箱一般有 6，7，10 个回路（还有更多回路的配电箱），在此范围内安排开关时，究竟选用何种配电箱，应考虑住宅、用电器功率的大小、布线等，并且还必须控制总容量在电能表的最大容量之内（目前家用电能表一般为 10～40 A）。

2．家庭总开关容量的设计

家庭的总开关应根据家庭用电器的总功率来选择。总功率是各分路功率之和的 0.8 倍，即总功率为

$$P_{总} = (P_1 + P_2 + P_3 + \cdots + P_n) \times 0.8 \quad (kw)$$

总开关承受的电流应为

$$I_{总} = P_{总} \times 4.5 \quad (A)$$

式中，$P_{总}$ 为总功率（容量），单位为 kW；$P_1, P_2, P_3, \cdots, P_n$ 为分路功率；$I_{总}$ 为总电流。

3. 分路开关的设计

分路开关的承受电流为

$$I_{分} = 0.8P_n \times 4.5 \quad (A)$$

空调回路要考虑到启动电流，其开关容量为

$$I_{空调} = (0.8P_n \times 4.5) \times 3 \quad (A)$$

分回路要按家庭区域划分。一般来说，分路的容量选择在 1.5 kW 以下。单个用电器的功能在 1 kW 以上的建议单列为一个回路（如空调、电热水器、取暖器等大功率家用电器）。

四、导线截面积的设计

一般铜导线的安全载流量为 5～8 A/mm²。截面积为 2.5 mm² 的 BVV 铜导线安全载流量的推荐值为 2.5 mm²×8 A/mm² = 20 A，截面积为 4 mm² 的 BVV 铜导线安全载流量的推荐值为 4 mm²×8 A/mm²=32 A。

考虑到导线在长期使用过程中要经受各种不确定因素的影响，一般按照以下经验公式估算导线截面积：

$$导线截面积（mm^2）\approx I/4$$

例如，某家用单相电能表的额定电流最大值为 40 A，则选择导线为

$$I/4 \approx 40/4 = 10$$

即选择截面积为 10 mm² 的铜芯导线。

按照国家的有关规定，家装电路应使用铜芯线，而且应尽量使用较大截面积的铜芯线。如果导线的截面积过小，其后果是使导线发热加剧，外层绝缘老化加速，易导致短路和接地故障。一般来说，在电能表前的铜芯线截面积应选择 10 mm² 以上，家庭内的一般照明及插座铜线截面积应使用 2.5 mm²，而空调等大功率家用电器的铜芯线截面积至少应选择 4 mm²。

五、插座回路的设计

（1）住宅内的空调电源插座、普通电源插座、电热水器电源插座、厨房电源插座和卫生间电源插座与照明应分开回路设置。

（2）电源插座回路应具有过载、短路保护和过电压、欠电压保护，或采用带多种功能的低压断路器和漏电综合保护器，且宜同时断开相线和中性线，不应采用熔断器作为保护元件。除分体式空调电源插座回路外，其他电源插座回路应设置漏电保护装置，有条件时，宜按分回路分别设置漏电保护装置。

（3）每个空调电源插座回路中的电源插座数不应超过 2 个。柜式空调应采用单独回路供电。

（4）卫生间应做局部辅助等电位连接。

（5）当厨房与卫生间靠近时，在其附近可设分配电箱，以给厨房和卫生间的电源插座回路供电，这样可以减少住户配电箱的出线回路，减少回路交叉，提高供电可靠性。

（6）从配电箱引出的电源插座分支回路的导线应采用截面积不小于 2.5 mm^2 的铜芯塑料线。

任务实施

一、一房一厅一厨一卫家居配电电路的设计

电气设计的主要内容是布线、配置开关和插座等。必须在装潢设计之后，根据装潢设计图的电气产品的布局进行电气设计。

现有一房一厅一厨一卫如图 5.1 所示，各房间的具体要求如表 5.2 所示，现需要对其进行配电设计。

表 5.2　各房间的具体要求

序号	房间名称	用电配置要求	备注
1	客厅	日光灯一个，吸顶灯一个，空调插座一个，普通二三插四个，用户控制电箱一个	总功率约为 3.5 kW
2	卧室	吸顶灯一个，壁灯两个，空调插座一个，普通二三插四个	总功率约为 2.5 kW
3	厨房	吸顶灯一个，防水二三插四个	总功率约为 2 kW
4	洗手间	吸顶灯一个，防水二三插两个，换气扇一个	总功率约为 2 kW

1. 设计施工说明书

设计施工说明书为本工程的电气设计施工说明。

2. 建筑概况

本工程为小家庭室内配套电气工程，总建筑面积为 28 m^2，有一房一厅一厨一卫。

3. 设计依据

（1）建筑及装饰专业提供的作业图。

（2）业主要求。

（3）现行的国家规范、标准及行业规范、标准。

① 《建筑电气工程施工质量验收规范》GB50303—2002。

② 《民用建筑电气设计规范》JGJ16—2008。

③ 《供配电系统设计规范》GB50052—2009。

④ 《建筑照明设计标准》GB50034—2004。

4. 设计范围

本工程设计内容包括供电、照明。

5. 供电系统

（1）供电电源：电能表配电箱设在室外走道，总功率为 10 kW。

（2）回路电源：配电箱设在客厅进门后面，总功率为 10 kW。

6. 照明设计

（1）灯带光源：顶棚吸顶灯（800×800）、筒灯、灯带。

（2）所有灯管采用 16 W 节能灯管，日光灯采用 6 W LED 灯管。

（3）灯开关明装，其底边距地 1.4 m。

7. 设备选型与安装

1）设备选型

（1）设备型号（见表 5.4）。

（2）配电箱：明装。

2）安装高度

客厅、房间插座底边距地 0.3 m；厨房、洗手间插座采用防水插座，安装高度为 1.2 m；空调插座、洗手间电热水器插座的安装高度为 2.3 m；其他厨房、洗手间设备供电根据实际位置到位。

8. 配电系统导线的选择与敷设

本工程的电线、电缆均采用国标阻燃铜芯塑料绝缘型，线路沿 PVC 线槽明敷于吊顶及墙上。

二、配电箱及开关的设计

1. WL1 照明回路

每个灯预计功率为 100 W，共 7 个灯，因此照明功率共为 700 W，则电流为

$$I_1 = P_1/U = 700/220 = 3.18 （A）$$

按铜芯线每平方毫米承载 4 A 电流来计算，应取导线截面积为 0.8 mm²，在此为了布线方便，选择 2.5 mm² 的铜导线。

分路开关电流为 $I_分 = 0.8P_n \times 4.5 = 0.8 \times 0.7 \times 4.5 = 2.52$（A），选 10 A 单极隔离开关。

2.　WL2 浴霸回路

每个浴霸预计功率为 1500 W，则电流为

$$I_2 = P_2/U = 1500/220 = 6.82 \text{（A）}$$

按铜芯线每平方毫米承载 4 A 电流来计算，应取导线截面积为 1.7 mm²，在此为了安全需要，选择 4 mm² 的铜导线。

分路开关电流为 $I_分 = 0.8P_n \times 4.5 = 0.8 \times 1.5 \times 4.5 = 5.4$（A），选 20 A 单极隔离开关。

3.　WL3 普通插座回路

家庭用电器（不含空调、洗手间电器）预计同时使用的总功率为 3500 W，则电流为

$$I_3 = P_3/U = 3500/220 = 15.9 \text{（A）}$$

按铜芯线每平方毫米承载 4 A 电流来计算，应取导线截面积为 4 mm²，在此选择 4 mm² 的铜导线。

分路开关电流为 $I_分 = 0.8P_n \times 4.5 = 0.8 \times 3.5 \times 4.5 = 12.6$（A），选 20 A 单极隔离开关。

4.　WL4 厨房插座回路

厨房用电器（不含空调、洗手间电器）预计同时使用的总功率为 3000 W，则电流为

$$I_4 = P_4/U = 3000/220 = 13.64 \text{（A）}$$

按铜芯线每平方毫米承载 4 A 电流来计算，应取导线截面积为 3.4 mm²，在此选择 4 mm² 的铜导线。

分路开关电流为 $I_分 = 0.8P_n \times 4.5 = 0.8 \times 3 \times 4.5 = 10.8$（A），选 20 A 单极隔离开关。

5.　WL5 洗手间插座回路

洗手间电器（不含空调、厨房电器、浴霸）预计同时使用的总功率为 3000 W，则电流为

$$I_5 = P_5/U = 3000/220 = 13.64 \text{（A）}$$

按铜芯线每平方毫米承载 4 A 电流来计算，应取导线截面积为 3.4 mm²，在此选择 4 mm² 的铜导线。

分路开关电流为 $I_分 = 0.8P_n \times 4.5 = 0.8 \times 3 \times 4.5 = 10.8$（A），选 20 A 单极隔离开关。

6.　WL6 空调插座回路 1

空调回路 1 使用总功率为 2P，3000 W，则电流为

$$I_5 = P_5/U = 3000/220 = 13.64 \text{（A）}$$

按铜芯线每平方毫米承载 4 A 电流来计算，应取导线截面积为 3.4 mm²，这里选择 4 mm² 的铜导线。

分路开关电流为 $I_分 = 0.8P_n \times 4.5 = 0.8 \times 3 \times 4.5 = 10.8$（A），选 20 A 单极隔离开关。

7. WL7 空调插座回路 2

空调回路 1 使用总功率为 $3P$，3000 W，则电流为

$$I_5 = P_5/U = 3000/220 = 13.64 \text{（A）}$$

按铜芯线每平方毫米承载 4 A 电流来计算，应取导线截面积为 $3.4\ \text{mm}^2$，这里选择 $4\ \text{mm}^2$ 的铜导线。

分路开关电流为 $I_分 = 0.8P_n \times 4.5 = 0.8 \times 3 \times 4.5 = 10.8$（A），选 20 A 单极隔离开关。

8. 配电总电流

配电总电流约为 64A，因此选 64 A 双极隔离开关。

现将上述电气参数汇总，如表 5.3 所示。

表 5.3　一房一厅一厨一卫电气参数汇总表

序号	回路名称	计算电流（A）	配置线径（mm²）	分路开关（A）
WL1	照明回路	3.18	2.5	10
WL2	浴霸回路	6.82	4	20
WL3	普通插座回路	15.9	4	20
WL4	卫生间插座回路	13.64	4	20
WL5	厨房插座回路	13.64	4	20
WL6	空调插座回路 1	13.64	4	20
WL7	空调插座回路 2	13.64	4	20
	总电流	64		

配电箱 ALC2 位于客厅外墙上。户内配电箱共有 7 条输出回路，如图 5.2 所示。

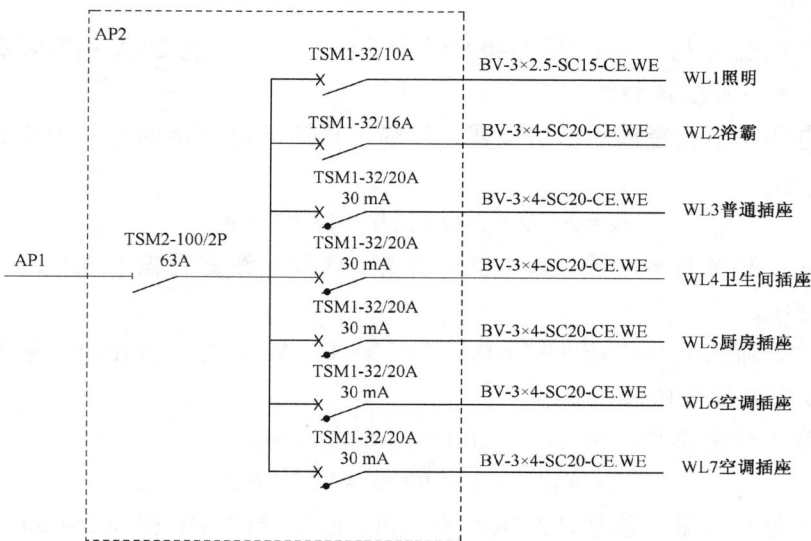

图 5.2　户内配电箱的电气系统图

三、电气平面图的设计

此一房一厅一厨一卫配电平面图如图 5.3 所示。

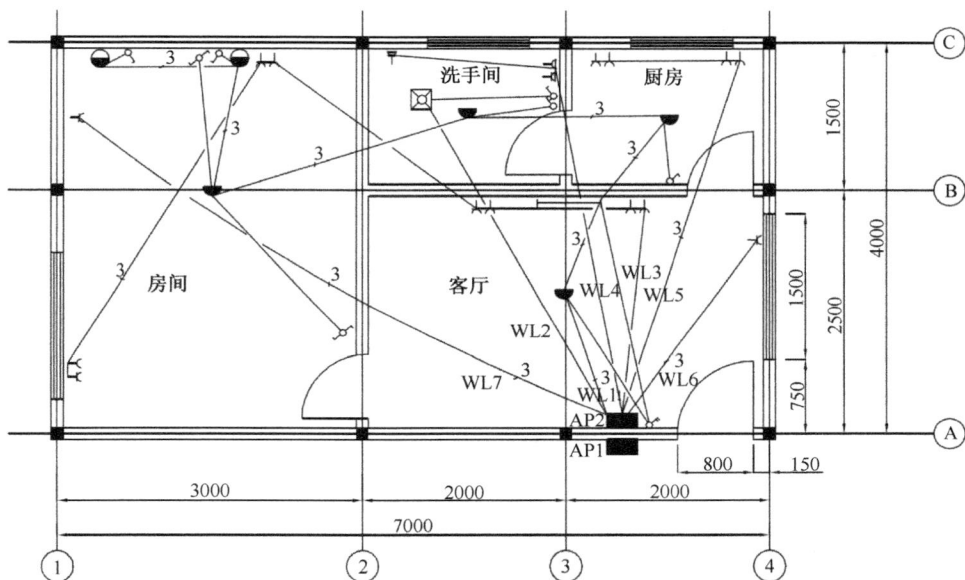

图 5.3 一房一厅一厨一卫配电平面图

统计主要电气元件，如表 5.4 所示。

表 5.4 一房一厅一厨一卫电气元件表

房　间	名　称	数　量	型号规格	备　注
走道	配电箱 AP1	1	基业 GBDS210	
客厅	配电箱 AP2	1	基业 TPMS	
	吸顶灯	1	意满家 LED 吸顶灯 20 W	紫百合
	日光灯	1	长森照明 T5	
	二位单控开关	1	松尼电工 S202K1	
	普通 2 孔插座	2	松尼电工 S20Z2	一位开关-5 孔插座
	普通 3 孔插座	2	松尼电工 S20Z2Z3	

续表

房　间	名　称	数　量	型号规格	备　注
	空调3孔插座	1	松尼电工 V8Z3/16	
房间	吸顶灯	1	意满家 LED 吸顶灯 20 W	紫百合
	墙壁灯	2	安邦高程照明 A836	紫光与蓝光 LED 3 W
	一位单控开关	2	松尼电工 S201K1	
	一位双控开关	2	松尼电工 S80K-511/B	
	普通2孔插座	2	松尼电工 S20Z2	一位开关-5孔插座
	普通3孔插座	2	松尼电工 S20Z2Z3	
	空调3孔插座	1	松尼电工 V8Z3/16	
厨房	吸顶灯	1	意满家 LED 吸顶灯 20 W	紫百合
	单控拇指开关	1	S201K1	
	普通2孔插座	2	S20Z2	一位开关-5孔插座
	普通3孔插座	2	松尼电工 S20Z2Z3	
洗手间	吸顶灯	1	意满家 LED 吸顶灯 20 W	紫百合
	浴霸	1	飞雕 NS12B56（全银）	
	一位单控开关	1	松尼电工 S201K1	
	浴霸开关	1	配飞雕 NS12B56	
	普通2孔插座	1	S20Z2	防水
	普通3孔插座	2	松尼电工 S20Z2Z3	防水

知识拓展

一、铝芯、铜芯绝缘导线截面积与载流量的关系

铝芯、铜芯绝缘导线截面积与载流量的倍数关系口诀为

10下五，100上二

25、35，四、三界

70、95，两倍半

穿管、温度，八、九折

裸线加一半

铜线升级算

说明：在该口诀中，对各种截面积的载流量（A）不是直接指出的，而是用截面

积乘上一定的倍数来表示的。为此，将我国常用导线标称截面积（mm²）排列如下：
1, 1.5, 2.5, 4, 6, 10, 16, 25, 35, 50, 70, 95, 120, 150, 185, …

1. 口诀的第一部分

第一句口诀指出铝芯绝缘线载流量（A）可按截面积的倍数来计算。口诀中的阿拉伯数字表示导线截面积（mm²），汉字数字表示倍数。把口诀中的导线截面积与载流量的倍数关系排列起来，如表 5.5 所示。

表 5.5　导线截面积与载流量的倍数关系

截面积（mm²）	1～10	16～25	35～50	70～95	120 以上
载流量倍数	五倍	四倍	三倍	二倍半	二倍

将表和口诀对照就更清楚了：口诀"10 下五"是指截面积在 10 以下，载流量都是截面积数值的五倍。"100 上二"（读百上二）是指截面积在 100 以上的载流量是截面积数值的两倍。截面积为 25 与 35 是四倍和三倍的分界处，这就是口诀"25、35，四三界"。而截面积"70、95"则为二倍半。从上面的排列可以看出：除 10 以下及 100 以上之外，对于 10～100 之间的导线截面积，是每两种规格采用同一种倍数。

例如，铝芯绝缘线，环境温度不大于 25℃时的载流量的计算如下：

（1）当截面积为 6 mm² 时，算得载流量为 30 A；

（2）当截面积为 150 mm² 时，算得载流量为 300 A；

（3）当截面积为 70 mm² 时，算得载流量为 175 A；

注：从上面的排列还可以看出，倍数随截面积的增大而减小，在倍数转变的交界处，误差稍大些。例如，截面积 25 与 35 是四倍与三倍的分界处，25 属于四倍的范围，它按口诀算为 100 A，但按手册算为 97 A；而 35 则相反，按口诀算为 105 A，但查表为 117 A。不过这对使用的影响并不大。当然，若能"胸中有数"，在选择导线截面积时，25 的不让它满到 100 A，35 的略微超过 105 A 便更准确了。同样，2.5 mm² 的导线位置在五倍的始端，实际便不只五倍（最大可达到 20 A 以上），不过为了减少导线内的电能损耗，通常电流都不用到这么大，因此手册中一般只标 12 A。

2. 口诀的第二部分

后面三句口诀便是对条件改变的处理。"穿管、温度，八、九折"是指若穿管敷设（包括槽板等敷设，即导线加有保护套层，不明露），则计算后再打八折；若环境温度超过 25℃，则计算后再打九折；若既穿管敷设，温度又超过 25℃，则打八折后再打九折，或简单按一次打七折计算。

关于环境温度，按规定是指夏天最热月的平均最高温度。实际上，温度是变动的，一般情况下，它对导线载流的影响并不很大。因此，只有当某些高温车间或较热地区的温度超过 25℃较多时，才考虑打折扣。

例如，对铝芯绝缘线在不同条件下载流量的计算为：当截面积为 10 mm^2，穿管时，载流量为 10×5×0.8=40（A）；若为高温，则载流量为 10×5×0.9=45（A）；若是穿管又高温，则载流量为 10×5×0.7=35（A）。

3．口诀的第三部分

对于裸铝线的载流量，口诀指出"裸线加一半"，即计算后再加一半，这是指同样截面积的裸铝线与铝芯绝缘线比较，载流量可加大一半。

例如，对裸铝线载流量的计算为：当截面积为 16 mm^2 时，载流量为 16×4×1.5=96（A）；若在高温下，则载流量为 16×4×1.5×0.9=86.4（A）。

4．口诀的第四部分

对于铜导线的载流量，口诀指出"铜线升级算"，即将铜导线的截面积排列顺序提升一级，再按相应的铝线条件计算。

例如，截面积为 35 mm^2 的裸铜线的环境温度为 25℃，载流量的计算为：升级为 50 mm^2 的裸铝线，即得 50×3×1.5=225（A）。

对于电缆，口诀中没有介绍。一般直接埋地的高压电缆，大体上可直接采用第一句口诀中的有关倍数计算。例如，35 mm^2 的高压铠装铝芯电缆埋地敷设的载流量为 35×3=105（A），95 mm^2 的约为 95×2.5≈238（A）。

三相四线制中的零线截面积，通常选为相线截面积的 1/2 左右。当然，其值也不得小于按机械强度要求所允许的最小截面积。在单相线路中，由于零线和相线所通过的负荷电流相同，所以零线的截面积应与相线的截面积相同。

注：载流量就是指线路导线所输送的电流量。每种规格的导线允许的最大载流量在国家规范中有具体的规定。运用时，负载所要求的最大负载电流必须小于导线在空气中的长期允许载流量。例如，25 mm^2 的铜芯线，在空气中的长期允许载流量为 105 A，当你的主设备运行时，运行电流就只能小于或等于 105 A，绝不能大于 105 A。

二、三相用电器的运行电流计算方法

（1）电功率的计算式为

$$P = 1.732×U×I×\cos\varphi$$

式中，P 为电功率，单位为 kW；U 为电压，单位为 kV；I 为电流，单位为 A；$\cos\varphi$ 为系统的自然功率因数。

注：$\cos\varphi$（功率因数）析译：电动机的功率因数不是一个定数，它不仅与制造的质量有关，还与负载率的大小有关。为了节约电能，国家强制要求电动机产品提高功

率因数，由原来的 0.7～0.8 提高到现在的 0.85～0.95，但负载率是由使用者掌握的，不是统一的。过去在电动机电流的计算中，功率因数常取 0.75，现在也常取 0.85。

例如，一台三相电空调机的总功率为 4420 W，试求其运行电流。

由上述电功率的计算式可求得用电器的运行电流为

$$I = P / (1.732 \times U \times \cos\varphi) = 4420 / (1.732 \times 380 \times 0.85) = 7.9 \text{ (A)}$$

（2）一个家庭如需配置三相电，控制电箱内的空开（空气开关）该如何接线？

提示：除前面所讲的控制电箱中各开关元件的接线外，还需注意以下几个方面。

① A 相线为黄色、B 相线为绿色、C 相线为红色。

② 由总开关每相所配出的每根导线之间的零线不得共用，如由 A 相配出的第一根黄色导线连接了两个 16 A 的照明空开，则这两个照明空开的一次侧零线也只能从这两个空开一次侧配出，直接连接到零线接线端子上。

（3）家庭配电工程的验收。家庭装修配电工程的验收是为了不出现短路及断路的现象。应仔细检查所有的改造线路是否通畅，布局是否合理，操作是否规范，并重新确认线路改造的实际尺寸。只有线路改好后，腻子工才可以接下去封墙、刮腻子。

（4）配电工程验收的一般要求。

① 所有电线和线管必须使用国标产品，应有产品合格证检验报告，且符合设计要求和现行标准的规定。电气施工人员应持证上岗。

② 电气布线应采用暗管铺设，导线在管内不应有结头和扭结；严禁有扭绞、绝缘层损坏和护套断裂等缺陷，严禁将电线直接埋入抹灰层内。另外，安装线路时，一定要严格遵守"火线进开关，零线进灯头，左零右火，接地在上"的规定。

③ 除特殊设计要求外，同一位置的线盒应高度一致，间距合理。按照工艺标准，应使用截面积在 2.5 mm^2 以上的塑钢线，并且具有绝缘、耐冲击双重保护功能。走线时要在电线外套上硬质的 PVC 阻燃管，且一根管内不能同时走 4 根以上的线。

另外，在电气验收时要确认并检查施工方已绘制好详细的隐蔽工程线路图，竣工验收结算后移交给业主，以便日后查找及修理。

（5）配电工程验收的检查步骤。

验收人员按照先后次序，应对以下项目进行检查：

① 所用各种材料是否符合设计要求；

② 线管是否固定；

③ 线管连接是否牢固；

④ 电线是否存在接头，接头是否牢固；

⑤ 电视电缆是否存在接头，如有接头必须更换，或在接头处使用分置器；

⑥ 电话线是否存在接头，如有接头必须更换；

⑦ 暗盒是否安装方正，是否在要求的高度；

⑧ 施工队是否在敷设线管的部位做出标记；

⑨ 暗盒位置是否合理，线管走向是否合理，以及线接头位置是否合理；

⑩ 通电检查。

三、家用配电箱验收的注意事项

1. 看外表

箱体安装标高应在 1800～2000 mm 之间，且安装牢固、四周无间隙、有可靠接地。

2. 看箱内

（1）箱体内各汇流排齐全，排列合理绝缘良好；接线线色正确、导线接头平齐、不得绞接。

（2）配置漏电保护器并符合装接容量，且测试灵敏、可靠；断路时应同时断开相线、中性线。

（3）配电箱内的总开关容量应低于电表箱内的容量；各回路开关应与该回路容量匹配；配电箱内各回路的标志应明确清楚、接线整齐、并成束。导线不得裸露。

（4）进户导线严禁与分路导线穿一根线管。

（5）大功率电器、空调器、厨房、卫生间应设独立回路（发烧友应独立设音响设备电源）。

（6）进箱体线管排列齐平、整齐并设锁扣。

（7）测试各回路的绝缘电阻。

想一想

（1）配电箱电气系统图中的"BV-3X2.5-SC15-CE.WE"是什么含义？

（2）若将 3 个 3 孔插座并排在一起安装，如何安装接线？

提示：图 3 个插座并排安装，所以需 3 个插座并联，其接线图如图 5.4 所示。

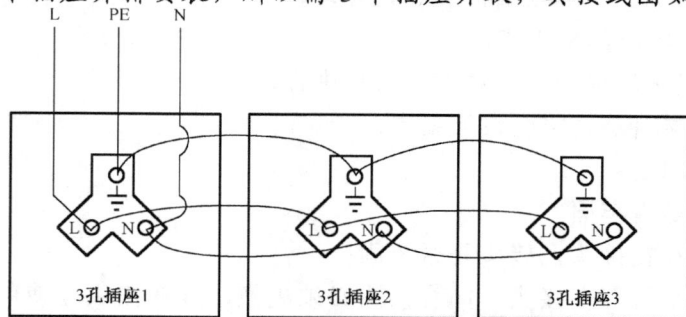

图 5.4　三个 3 孔插座并联安装接图

（3）若在两个不同的地方控制一个吸顶灯，如何接线？

提示：在两个不同的地方控制一个吸顶灯，需使用两个双控开关，其接线图如图 5.5 所示。

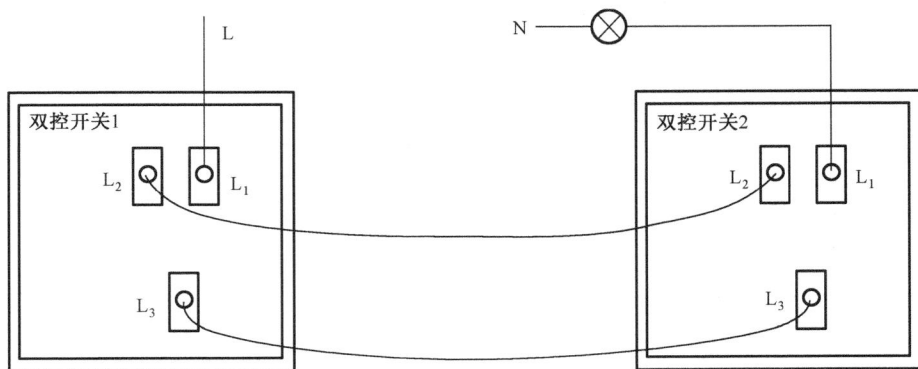

图 5.5 两个双控开关控制一个吸顶灯的接线图

（4）如何进行控制电箱中各开关元件的接线？

提示：

（1）零线颜色要采用蓝色。

（2）照明及插座回路一般采用 2.5 mm^2 的导线，每根导线所串连空开数量不得大于 3 个。空调回路一般采用 2.5 mm^2 或 4.0 mm^2 的导线，且一根导线配一个空开。

（3）箱体内的总空开与各分空开之间的配线一般走左边，配电箱出线一般走右边。

（4）箱内配线要顺直、不得有纹接现象；导线要用塑料扎带绑扎，扎带大小要合适，间距要均匀，一般为 100 mm。扎带扎好后，不用的部分要用钳子剪掉。

（5）导线弯曲应一致，且不得有死弯，以防止损坏导线绝缘皮及内部铜芯。

（6）每组 6 人，分别完成设计、领料、现场规划、安装、调试等任务，并填写工作页。

任务二　三房一厅一厨一卫照明系统的设计与安装

任务描述

（1）完成三房一厅一厨一卫照明系统的设计。

（2）完成三房一厅一厨一卫照明系统的安装与调试。

三房一厅一厨一卫建筑平面图如图 5.6 所示，客户要求的各房间的电气配置如表 5.6 所示。客户要求将各电气元件按图 5.6 中所示安装，请设计并施工安装。

表 5.6　各房间的电气配置表

序　号	房间名称	用电配置要求	备　注
1	客厅	日光灯一个，吸顶灯一个，空调插座一个，普通二三插四个，用户控制电箱一个	总功率约为 3.5 kW
2	卧室	吸顶灯一个，壁灯两个，空调插座一个，普通二三插四个	总功率约为 2.5 kW
3	厨房	吸顶灯一个，防水二三插四个	总功率约为 2 kW
4	洗手间	吸顶灯一个，防水二三插两个，换气扇一个	总功率约为 2 kW

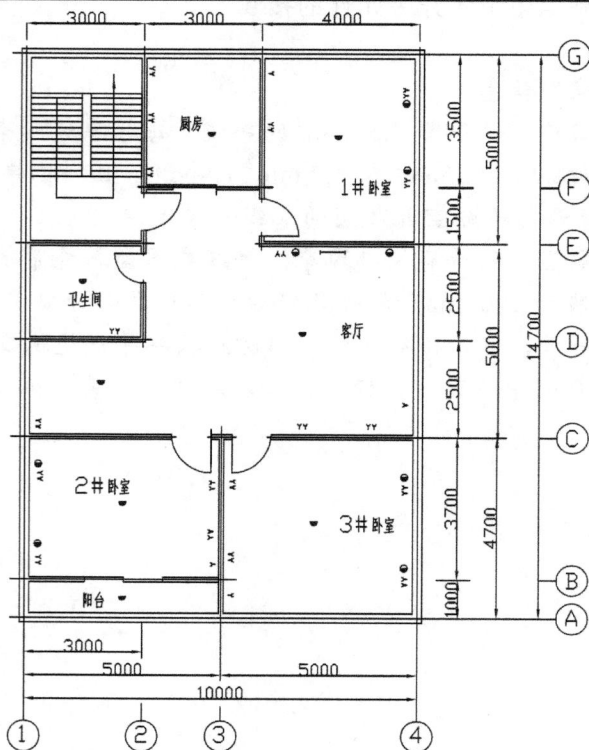

图 5.6　三房一厅一厨一卫建筑平面图

学习目标

（1）进一步了解电气照明图中的图形符号、文字符号和标注代号。

（2）掌握家庭配电的设计思路与设计要点。

（3）能够按照电气照明图的技术要求和技术指标，完成一个三房一厅一厨一卫室内照明线路的安装与调试。

（4）能够掌握照明线路的调试及常见故障检测的技能。

（5）掌握用 CAD 绘制家庭配电工程图。

知识平台

一、照明设计

照明方式可以分为一般照明、局部照明和装饰照明。

（1）对于均匀布灯的照明，其距离比不宜超过所选用的最大允许值，并且边缘灯具与墙的距离不宜大于灯间距离的 1/2。

（2）在同一个照明房间内，当其工作区的某一部分或几个部分需要较高照度时，应采取分区照明。

（3）局部照明宜在下列情况中采用：

① 局部需要有较高的照度；

② 为加强某方向光照以增强质感时。

（4）照明计算：

利用单位容量法确定灯的数量，其公式为

$$N = P_N/P_{NL}$$

白炽灯：$\qquad P_{N100} = （22 \text{ W/m}^2）\cdot A$

荧光灯：$\qquad P_{N100} = （5.5 \text{ W/ m}^2）\cdot A$

也就是说，为达到平均照度 100lx，室内地面面积每平方米需要用白灯灯 22 W，荧光灯 5.5 W。

式中，P_N 为达到某一照度值时全部灯的标称功率之和（W）；P_{N100} 为达到 100lx 时全部灯的标称功率（W）；P_{NL} 为每个灯的标称功率（W）；A 为地面面积（m²）；N 为灯的数量（个）。

【**例 5.1**】 某工作室内地面面积为 18 m^2，希望平均照度为 150 lx，今考虑装带反光罩的荧光灯，需要多少个？

解：平均照度为 100 lx，所需总容量

$$P_{N100}=5.5 \text{ W/m}^2 \times 18 \text{ m}^2 = 99 \text{ W}$$

则每 1 lx 需容量

$$99 \text{ W/100 lx} = 0.99 \text{ W/lx}$$

现平均照度要求为 150 lx，所需总容量为

$$P_{N150}=0.99 \text{ W/lx} \times 150 \text{ lx} = 148.5 \text{ W}$$

若采用 40 W 荧光灯，则需要荧光灯的数量为

$$N=148.5 \text{ W} \div 40 \text{ W} = 3.7 \text{ 个}$$

因此，此工作室要想平均照度为 150 lx，需要用到 40 W 荧光灯 3.7 个，在此取整数 4 个。

（5）居住一般照明的推荐照度如表 5.7 所示。

表 5.7　居住一般照明的推荐照度表

序　　号	名　　　　称	推荐照度（lx）
1	卫生间、盥洗室、更衣室	5～15
2	书房、设计室、打字室	100～200
3	起居室、餐厅、厨房	15～30
4	卧室	20～50
5	健身房	100～200

任务实施

温馨提示：要求通过角色扮演的形式，完成编制设计任务书和签订设计、施工委托合同的任务，以及安装与调试工作，锻炼基本的识图、设计与安装调试的能力，从而实现本项目的教学目标。

训练方式和手段

1．学生身份

每组 6 人，其中项目负责人 1 人，设计师 2 人，施工员 2 人，监理员 1 人

2．训练步骤

（1）教师下发任务与建筑平面图、配电要求。

（2）项目负责人组织，设计师收集资料，分析任务，制定项目进度表。

（3）项目负责人组织，设计师设计平面图与施工图。

（4）项目负责人组织，设计师、施工员召开碰头会，审定图纸与施工方案，监理员做好会议记录，项目负责人签字。

（5）项目负责人组织，施工员依图施工，设计员从旁指导，监理员检查安全与进度。

（6）项目负责人组织，设计员、施工员开展调试，监理员填写调试报告，项目负责人签字，监理员检查安全。

（7）项目负责人组织，设计员、施工员、监理员一起进行工程验收，监理员填写验收报告，项目负责人签字。

（8）项目成果展示与项目总结，项目负责人组织，设计员、施工员、监理员一并参入，指导教师加入旁听。

3．成果展示

（1）设计书（施工图）、项目进度表。

（2）调试报告。

（3）验收报告。

（4）会议记录

（5）工地现场照片展示（施工前、施工中、施工完毕后）

一、三房一厅一厨一卫的电气设计

现将三层一厅一厨一卫的电气设计说明如下。

1．设计条件

某住宅平面如图5.6所示，电气设计的具体要求如表5.6和图5.6所示。室内电器属于三类负荷，要求对其进行配电设计与安装。

2．图纸目录

图纸目录及说明如表5.8所示。

表5.8　图纸目录及说明

序号	图纸名称	图纸编号	张数	图幅
1	设备材料表	表×.×	1	A3
2	配电系统图	图×.×	1	A3
3	插座、照明平面图	图×.×	1	A3

3．电气设计计算

此部分请读者参照一房一厅一厨一卫的计算完成，也可参考下面的计算过程。

1）WL1 照明回路

根据表 5.7 与图 5.6，将此三房一厅一厨一卫各区域的照度及面积要求列入表 5.9 中。

表 5.9　三房一厅一厨一卫各区域的照度及面积要求

序　号	名　称	平均照度（lx）	面积(m²)	光　源	照明功率（W）
1	卫生间	100	7.5	荧光灯	50
2	客厅	200	42.5	荧光灯	480
3	厨房	200	10.5	荧光灯	120
4	1#卧室	150	20	荧光灯	170
5	2#卧室	150	18.5	荧光灯	170
6	3#卧室	120	23.5	荧光灯	170

设计时客厅、厨房、洗手间、卧室采用荧光灯光源。根据平均照度 100 lx 时，室内地面面积每平方米需要用荧光灯 5.5 W 的设计参数，现将每区域需光照总容量计算如下。

（1）卫生间。

平均照度为 100 lx，所需总容量为

$$P_{N100}=5.5 \text{ W/m}^2 \times 7.5 \text{ m}^2=41.25 \text{ W}$$

则每 1 lx 需容量

$$41.25 \text{ W/100 lx}=0.41 \text{ W/lx}$$

现平均照度要求为 100 lx，所需总容量为

$$P_{N100}=0.41 \text{ W/lx} \times 100 \text{ lx} =41 \text{ W}$$

根据美观需要，现设置吸顶灯一个（功率为 30 W），镜前灯一个（功率为 20 W），功率总共为 50 W。

（2）客厅。

取平均照度为 200 lx，所需总容量为

$$P_{N100}=5.5 \text{ W/m}^2 \times 42.5 \text{ m}^2=233.75 \text{ W}$$

则每 1 lx 需容量

$$233.75 \text{ W/100 lx}=2.34 \text{ W/lx}$$

现平均照度要求为 200 lx，所需总容量为

$$P_{N200}=2.34 \text{ W/lx} \times 200 \text{ lx} = 468 \text{ W}$$

根据美观需要，现设置吊顶大灯两个（每个功率为 150 W），荧光灯两个（每个功率为 70 W），墙壁灯两个（每个功率为 20 W），功率总共为 480 W。

（3）厨房。

取平均照度为 200 lx，所需总容量为

$$P_{N100}=5.5 \text{ W/m}^2 \times 10.5 \text{ m}^2=57.75 \text{ W}$$

则每 1 lx 需容量

$$57.75 \text{ W/100 lx}=0.58 \text{ W/lx}$$

现平均照度要求为 200 lx，所需总容量为

$$P_{N200}=0.58 \text{ W/lx} \times 200 \text{ lx} =116 \text{ W}$$

根据美观需要，现设置吸顶灯一个（功率为 80 W），荧光灯一个（功率为 40 W），功率总共为 120 W。

（4）1#卧室。

取平均照度为 150 lx，所需总容量为

$$P_{N100}=5.5 \text{ W/m}^2 \times 20 \text{ m}^2=110 \text{ W}$$

则每 1 lx 需容量

$$110 \text{ W/100 lx}=1.1 \text{ W/lx}$$

现平均照度要求为 150 lx，所需总容量为

$$P_{N150}=1.1 \text{ W/lx} \times 150 \text{ lx} =165 \text{ W}$$

根据美观需要，现设置吸顶灯一个（功率为 80 W），可调亮度墙壁灯两个（每个功率为 45 W），功率总共为 170 W。

（5）2#卧室。

取平均照度为 150 lx，所需总容量为

$$P_{N100}=5.5 \text{ W/m}^2 \times 18.5 \text{ m}^2=101.75 \text{ W}$$

则每 1 lx 需容量

$$101.75 \text{ W/100 lx}=1.02 \text{ W/lx}$$

现平均照度要求为 150 lx，所需总容量为

$$P_{N150}=1.02 \text{ W/lx} \times 150 \text{ lx} =153 \text{ W}$$

根据美观需要，现设置吸顶灯一个（功率为 80 W），可调亮度墙壁灯两个（每个功率为 45 W），功率总共为 170 W。

（6）3#卧室。

取平均照度为 120 lx，所需总容量为

$$P_{N100}=5.5 \text{ W/m}^2×23.5 \text{ m}^2=129.25 \text{ W}$$

则每 1 lx 需容量

$$129.25 \text{ W}/100 \text{ lx}=1.29 \text{ W/lx}$$

现平均照度要求为 150 lx，所需总容量为

$$P_{N150}=1.29 \text{ W/lx}×120 \text{ lx} =154.8 \text{ W}$$

根据美观需要，现设置吸顶灯一个（功率为 80 W），可调亮度墙壁灯两个（每个功率为 45 W），功率总共为 170 W。

注：在工程上为提高工作效率，往往省略烦琐的计算过程，而是根据房间计算高度、房间面积、房间平均照度查表 5.10，查出单位面积安装功率后直接乘上相应房间面积就可得出房间的照明总功率。

表 5.10　YG1-1 型荧光灯的比功率（单位面积安装功率）

计算高度（m）	房间面积（m²）	平均照度（lx）					
		30	50	75	100	150	200
2～3	10～15	3.2	5.2	7.8	10.4	15.6	21
	15～25	2.7	4.5	6.7	8.9	13.4	18
	25～50	2.4	3.9	5.8	7.7	11.6	15.4
	50～150	2.1	3.4	5.1	6.8	10.2	13.6
	150～300	1.9	3.2	4.7	6.3	9.4	12.5
	300 以下	1.8	3.0	4.5	5.9	8.9	11.8

【例 5.2】　某工作室内地面面积为 18 m²，希望平均照度为 150 lx，现考虑装带反光罩的荧光灯，需要多少个？

解：根据工作室面积、平均照度两个已知条件查表 5.10，可查得单位面积安装功率为 13.4 W/m²，则 18 m² 需总功率为

$$18×13.4=241.2（\text{W}）$$

由于采用带反光罩，则总功率再乘上 0.65 的系数，即

$$241.2×0.65=156.78（\text{W}）$$

显然，此结果与例 5.1 计算的结果 148.5 W 接近，这在工程上是可以接受的。

将所得各房间总功率填入表 5.9 中的照明功率一栏，算出此家庭的总照明功率为

$$P_1=50+480+120+170+170+170=1160（\text{W}）$$

照明线路的总电流为

$$I_1=P_1/U=1160/220=5.3（A）$$

按铜芯线每平方毫米承载 4 A 电流来计算，应取导线截面积为 1.3 mm^2，在此为了安全需要，选择 2.5 mm^2 铜导线。

分路开关电流为 $I_分=0.8P_n×4.5=0.8×1.16×4.5=4.176（A）$，选 16 A 单极隔离开关。

2）WL2 浴霸回路

每个浴霸预计功率为 1500 W，则电流为

$$I_2=P_2/U=1500/220=6.82（A）$$

按铜芯线每平方毫米承载 4 A 电流来计算，应取导线截面积为 1.7 mm^2，在此为了安全需要，选择 4 mm^2 铜导线。

分路开关电流为 $I_分=0.8P_n×4.5=0.8×1.5×4.5=5.4（A）$，选 20 A 单极隔离开关。

3）WL3 普通插座回路

由表 5.6 可知，家庭用电器（不含空调、洗手间电器、浴霸、房间照明、厨房电器）预计同时使用总功率为

$$P_3=(3.5-2)+(2.5-1)×3-0.48-0.17×3$$
$$=1.5+4.5-1.16$$
$$=5.01\ kW$$

则总电流为

$$I_3=P_3/U=5010/220=22.8（A）$$

按铜芯线每平方毫米承载 4 A 电流来计算，应取导线截面积为 5.69 mm^2，在此选择 6 mm^2 铜导线。

分路开关电流为 $I_分=0.8P_n×4.5=0.8×5.01×4.5=18（A）$，选 32 A 带漏电双极隔离开关。

4）WL4 厨房插座回路

厨房用电器（不含照明）预计同时使用总功率为

$$2.5-0.12=2.38（kW）$$

则电流为

$$I_4=P_4/U=2380/220=10.8（A）$$

按铜芯线每平方毫米承载 4 A 电流来计算，应取导线截面积为 2.7 mm^2，这里选择 2.5 mm^2 铜导线。

分路开关电流为 $I_分=0.8P_n×4.5=0.8×2.38×4.5=8.6（A）$，选 16 A 带漏电双极隔离开关。

5）WL5 卫生间插座回路

洗手间电器（不含照明、浴霸）预计同时使用总功率为

$$2.5-1.5-0.05=0.95（kW）$$

则电流为

$$I_5=P_5/U=950/220=4.32（A）$$

按铜芯线每平方毫米承载 4 A 电流来计算，应取导线截面积为 1.1 mm^2，在此选择 2.5 mm^2 铜导线。

分路开关电流为 $I_分=0.8P_n\times4.5=0.8\times0.95\times4.5=3.42（A）$，选 16 A 带漏电双极隔离开关。

6）WL6 空调插座回路 1

空调回路 1 使用 2 匹空调，其总功率为 2000 W，则电流为

$$I_6=P_6/U=2000/220=9.1（A）$$

按铜芯线每平方毫米承载 4 A 电流来计算，应取导线截面积为 2.3 mm^2，这里选择 4 mm^2 铜导线。

分路开关电流为 $I_分=0.8P_n\times4.5=0.8\times2\times4.5=7.2（A）$，选 20 A 单极隔离开关。

7）WL7 空调插座回路 2

空调回路 2 使用 1 匹空调，其总功率为 1000 W，则电流为

$$I_7=P_7/U=1000/220=4.55（A）$$

按铜芯线每平方毫米承载 4 A 电流来计算，应取导线截面积为 1.14 mm^2，这里选择 2.5 mm^2 铜导线。

分路开关电流为 $I_分=0.8P_n\times4.5=0.8\times1\times4.5=3.6（A）$，选 16 A 单极隔离开关。

8）WL8 空调插座回路 3

空调回路 3 使用 1 匹空调，其总功率为 1000 W，则电流为

$$I_8=P_8/U=1000/220=4.55（A）$$

按铜芯线每平方毫米承载 4 A 电流来计算，应取导线截面积为 1.14 mm^2，这里选择 2.5 mm^2 铜导线。

分路开关电流为 $I_分=0.8P_n\times4.5=0.8\times1\times4.5=3.6（A）$，选 16 A 单极隔离开关。

9）配电总电流

$$I_总=P_总/(U\times\cos\varphi)=(P_1+P_2+P_3+\cdots+P_n)/(220\times0.8)$$
$$=(3500+2500+2500+2500)/(220\times0.8)$$
$$=62.5（A）$$

根据安全需要，选 64 A 双极隔离开关。

现将上述电气参数汇总，如表 5.11 所示。

表 5.11　三房一厅一厨一卫电气参数汇总表

序　号	回 路 名 称	计算电流（A）	配置线径（mm²）	分路开关（A）
WL1	照明回路	5.3	2.5	16
WL2	浴霸回路	6.82	4	20
WL3	普通插座回路	22.8	6	32
WL4	卫生间插座回路	4.32	2.5	16
WL5	厨房插座回路	10.8	2.5	16
WL6	空调插座回路 1	9.1	4	20
WL7	空调插座回路 2	4.55	2.5	16
WL8	空调插座回路 3	4.55	2.5	16
	总电流	68.24		

4. 电气设计说明

1）设计依据

（1）建筑概况：本住宅建筑面积共约 132 m²，有三房一厅一厨一卫，业主提供的资料及要求。

（2）相关专业提供的工程设计资料。

①《建筑电气工程施工质量验收规范》GB50303—2002。

②《民用建筑电气设计规范》JGJ 16—2008。

③《供配电系统设计规范》GB50052—2009。

④《建筑照明设计标准》GB50034—2004。

还有其他有关国家及地方的现行规程、规范及标准。

2）设计范围

本工程设计包括以下电气系统：

（1）220 V 住宅配电系统；

（2）住宅照明、插座配电系统。

3）配电系统

（1）220 V 电源：本工程从外面引来 220 V 电源到户外，进户外功率表电箱，然后穿墙进入业主户内配电箱。

（2）照明、插座配电：照明、插座均由不同的支路供电；除空调插座外，所有插座回路均设漏电断路器保护。

4）设备安装

户内配电箱底边距地 1.6 m 明装。除图纸特别注明的高度外，开关插座分别距地 1.4 m，0.3 m 明装；厨房和卫生间内的开关、插座选用防潮防溅型面板。

5）导线选择及敷设

（1）电源进线选用 6 mm^2 聚氯乙烯绝缘铜芯线，空调插座配 4 mm^2 聚氯乙烯绝缘铜芯线。

（2）普通插座配 2.5 mm^2 聚氯乙烯绝缘铜芯线，照明及开关选用 1.5 mm^2 聚氯乙烯绝缘铜芯线。

（3）所有支线均穿阻燃硬塑料槽沿墙及楼板明装。

5. 主要设备材料表

请读者自行统计图 5.6 中的电气元件并填入表 5.12 中。

表 5.12　主要设备材料表及说明

序　号	图　例	设备名称	型号及规格	单　位	数　量	备　注
1	■	照明配电箱	XRM98-324（改）	台	1	距地 1.6 m，明装
2						
3						
4						
5						
6						
7						
8						

6. 各种施工图

1）配电箱系统图

请读者参照一房一厅一厨一卫自行完成。

2）房间供配电插座、照明平面图

请读者参照一房一厅一厨一卫自行完成。

想一想

（1）家庭装修电气设计基本规定有哪些？

提示：可自行查阅资料整理，也可参考下面的条款。

家庭装修电气设计的基本规定如下所示。

① 在设计中必须严格遵守国家的有关设计规范及设计技术规程。

② 贯彻执行国家的有关节能政策；节能设计应遵循技术先进、安全适用、经济合理、节约能源和保护环境的基本原则；在设计中应正确地选择最佳计算数据，合理选择节能设备（灯具等），采用节能控制方式（如开关控制数量及调光方法等）。

③ 根据项目的规模和要求，确定每个设计阶段和内容。

a．方案设计：征求用户的需要和要求，绘制线路到用电点的方框图。

b．初期设计：绘制用电点和灯具的布置图。

c．施工图设计（详细设计）：

（Ⅰ）设计说明语言力求简练，平面图已表示清楚的不必重点叙述；凡施工图中未注明，带共性的问题或图中表达不清的应加以说明；说明一般包括动力照明线路、弱电、控制及一些特殊做法；

（Ⅱ）施工图是工程的语言，平面图复杂的项目、强、弱电，灯具插座应分别表示，力求清晰整洁，简化图纸、方便施工；

（Ⅲ）平面图应绘制线路敷设方式及线缆的规格型号、配电箱的安装方式及高度；重点场所的照明应在进行照度计算后再布置灯具；

（Ⅳ）施工图设计内容包括供电系统图、灯具布置图、电气平面图；简单的家庭电气设计系统图和平面图可在一张图内表示。

（2）家庭常规设备及容量、线路设计的一般设计要求有哪些？

提示：可自行查阅资料整理，也可参考下面的说明。

① 家用电器设备及容量：掌握家庭电器设备的容量和用电性质是做好电气线路设计的核心，正确设计线路可避免过负荷跳闸和线路烧毁等事故。家用电器设备在使用上分为长时制和短时制两大类。从表 5.13 中可知长时制工作的电器设备仅占全部电器设备的 46%，而且户型的用电差别也不大，主要差别在空调和照明上。

表 5.13 家用电器容量表

名 称	一、二房一厅	三、四房一厅	工 作 制 度	
	功率（W）	功率（W）	长时	短时
照明	100～200	200～400	◎	
电风扇	60～120	60～120	◎	
电冰箱	60～120	60～120	◎	
洗衣机	100～300	100～300		◎
电视机	100～300	100～300	◎	
音响	100～300	100～300		◎
空调	1000	1000～2000		◎
电饭锅	600～2000	600～2000		◎
计算机	300～350	300～350	◎	

名　称	一、二房一厅	三、四房一厅	工 作 制 度	
	功率（W）	功率（W）	长时	短时
微波炉	950～1200	950～1200		◎
录音机	50	50	◎	
吸尘器	600～1000	600～1000		◎
电热水器	2000～3000	2000～3000		◎
设备容量	6040～9940	6140～11140		
计算容量	2416～3975	2456～4456		

② 线路设计的一般要求：绝大部分家用电器不管户型如何，其用电性质几乎无多大变化，因此导线的截面积和保护选择应以实际使用为基点，线路的导线应选用铜芯塑料线。进户线的截面积不应小于 6 mm²，干线的截面积不应小于 4 mm²，一般插座回路的截面积不应小于 2.5 mm²。空调回路应单设一路，其截面积不应小于 2.5 mm²，当一般插座和空调为一回路时，其干线的截面积不应小于 4 mm²。插座的设置应为电器设备提供足够的电源接口，并且方便使用，尽量避开家具放置的位置。居室、客厅的插座不应少于三组（每组插座均有二、三极插孔），其中一组要考虑空调用电（空调用电设在外墙内距地 2.2 m 左右，其插座为 15 A 三孔插座）。卫生间设防溅型插座两组，为洗衣机、沐浴器供电。厨房至少设二组插座，为排油烟机、水箱、微波炉等提供电源。两居室以上的户型应设两个以上的共电视天线插座和电话插座。

③ 配电系统：在家庭装修电气设计时应保持原供电系统；当需要对原旧式住宅的供电系统进行改造时，要注意 TN-C-S（即火、零、地）三孔插座的接线，以防漏电，发生触电事故；在每户的总配电箱上应装漏电断路器控制 2～3 路插座回路。

④ 照明：住宅照明除了满足照度标准和照明质量外，还应注意照明节能，现在大力推广紧凑型荧光灯、TDL 细管荧光灯等节能型光源和电子镇流器、施行绿色照明；主要应从光源和灯具上采取节能措施，如采用高效反射型灯具、电子镇流器（节电约 15%～20%）、TDL 细管荧光灯（节电约 10%）、紧凑型荧光灯（节电约 60%）。

（3）电气平面图设计要求：

① 采用国家最新规定的电气符号和表示方法；

② 图中应标注安装方法高度；

③ 线路的规格、型号及数量去向；

④ 设计说明；

⑤ 附图形符号表。

（4）每组 6 人，分别完成设计、领料、现场规划、安装、调试等任务，并填写工作页。

1. 家装电工常用工具与仪表介绍

1）低压验电器

验电器也称验电笔，俗称电笔，是用来检测导线、电器和电气设备的金属外壳是否带电的一种电工工具。使用验电笔时，用中指和拇指持验电笔笔身，食指接触笔尾金属体或笔挂。当带电体与接地之间的电位差大于 60 V 时，氖泡产生辉光，证明有电。

注意：人手接触电笔的部位一定要在验电笔的金属笔盖或笔挂处，绝对不能接触验电笔的笔尖金属体，以免发生触电。低压验电器的使用方法如图 A-1 所示。

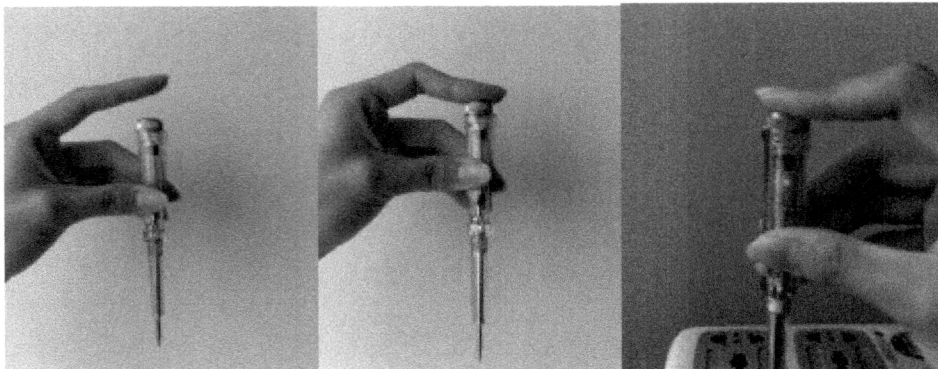

图 A-1　低压验电器的使用方法

2）电工刀

如图 A-2 所示是常用的电工刀外观，其使用注意事项如下：

（1）不得用于带电作业，以免触电；

（2）应将刀口朝外剖削，并注意避免伤及手指；

（3）剖削导线绝缘层时，应使刀面与导线成较小的锐角，以免割伤导线；

（4）使用完毕，随即将刀身折进刀柄。

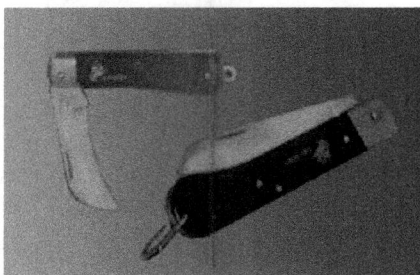

图 A-2　电工刀外观

3）螺丝刀

螺丝刀有十字螺丝刀和一字螺丝刀，如图 A-3 所示。

螺丝刀的使用注意事项有：

（1）带电作业时，手不可触及螺丝刀的金属杆，以免发生触电事故；

（2）作为电工，不应使用金属杆直通握柄顶部的螺丝刀；

（3）为防止金属杆触到人体或邻近带电体，金属杆应套上绝缘套管。

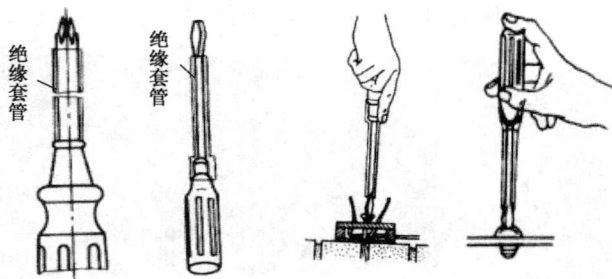

图 A-3　螺丝刀

4）扳手

扳手的结构和使用方法如图 A-4 所示。

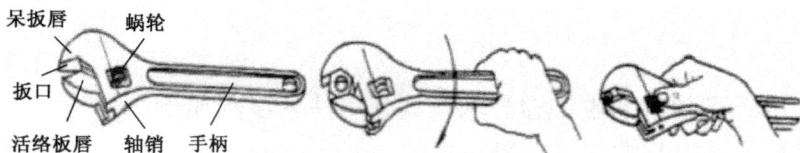

图 A-4　扳手的结构和使用方法

扳手的使用注意事项：

（1）活络扳手不可反用，以免损坏活络扳唇；

（2）不可用加力杆接长手柄以加大扳拧力矩；

（3）不得当做撬棒和手锤使用。

5）钢丝钳

钢丝钳的结构和使用方法如图 A-5 所示。

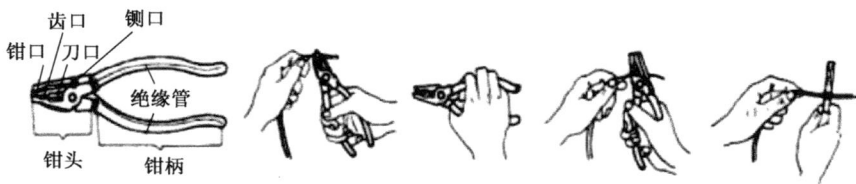

图 A-5　钢丝钳的结构和使用方法

钢丝钳的使用注意事项：

（1）使用前，应检查钢丝钳的绝缘是否良好，以免带电作业时造成触电事故；

（2）带电剪切导线时，不得用刀口同时剪切不同电位的两根线（如相线与零线、相线与相线等），以免发生短路事故。

6）尖嘴钳

如图 A-6 所示，尖嘴钳的头部很尖，适用于狭小的空间操作。钳柄有铁柄和绝缘柄两种。绝缘柄主要用于切断和弯曲细小的导线、金属丝，夹持小螺钉、垫圈及导线等元件，还能用于将导线端头弯曲成所需的各种形状。

图 A-6　尖嘴钳

7）斜口钳

斜口钳主要用于剪断较粗的电线、金属丝及导线电缆。钳柄有铁柄、管柄和绝缘柄三种，电工常用带绝缘柄的短线钳。斜口钳如图 A-7 所示。

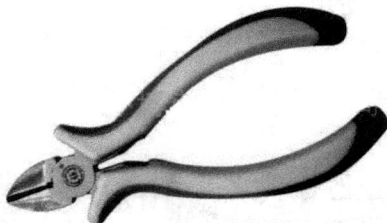

图 A-7　斜口钳

8）剥线钳

剥线钳是主要用来剥削小直径导线绝缘层的专用工具，如图 A-8 所示。使用时，将要剥削的绝缘层长度用标尺定好后，即可把导线放入相应的刃口中（比导线直径稍大），用手将柄一握紧，导线的绝缘层即被割破。

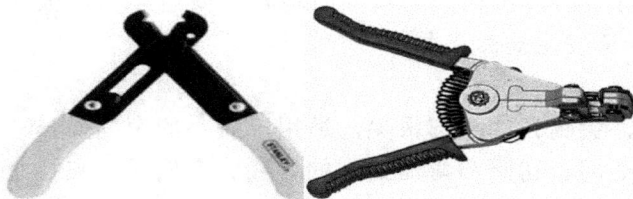

图 A-8　剥线钳

9）手电钻

如图 A-9 所示为手电钻外观，其使用注意事项如下：

（1）较长时间未用的手电钻在使用前应用摇表测量其绝缘电阻，一般不应小于 0.5 MΩ；

（2）使用 220 V 的手电钻时，应戴绝缘手套；潮湿环境应使用 36 V 的安全电压；

（3）根据所钻孔的大小，合理选择钻头尺寸；钻头装夹要合理、可靠；

（4）钻孔时，不要用力过猛；当转速较低时，应放松压力，以防电钻过热或堵转；

（5）被钻孔的构件应固定可靠，以防随钻头一并旋转，造成构件的飞甩。

2. 家庭常用低压电器设备介绍

低压电器是指工作在交流电压 1200 V 或直流电压 1500 V 及其以下的电器。它的作用是对低压供电或用电系统进行开关、控制、保护和调节。

图 A-9　手电钻外观

1）低压断路器

低压断路器又称自动开关、空气开关，如图 A-10 所示，用在低压配电电路中不频繁地通断控制和保护。当电路发生短路、过载或欠电压等故障时，它能自动分断故障电路，是一种控制兼保护用电器开关。

图 A-10　低压断路器

低压断路器的选择应从以下几方面考虑。

（1）根据使用场合和保护要求来选择断路器类型。例如，照明线路、电动机控制一般选用塑壳式；当配电线路的短路电流很大时，选用限流型；当额定电流比较大或有选择性保护要求时，选用框架式。

（2）保护含有半导体器件的直流电路时，应选用直流快速断路器。

（3）断路器的额定电压、额定电流应不小于线路、设备的正常工作电压、工作电流。

（4）断路器的极限通断能力应不小于线路可能出现的最大短路电流。

（5）欠电压脱扣器的额定电压应等于线路的额定电压。

（6）过电流脱扣器的额定电流应不小于线路的最大负载电流。

2）低压熔断器

低压熔断器如图 A-11 所示，是一种简单而有效的保护电器。低压熔断器的熔体串联于被保护的线路中，主要起短路保护作用。当被保护线路发生短路或过载时，低压熔断器通过其自身产生的热量使熔体熔断，从而自动切断故障电路，实现短路保护及过载保护。低压熔断器具有结构简单、体积小、质量轻、使用维护方便、价格低廉、分断能力较高等优点，因此在电路中得到了广泛应用。

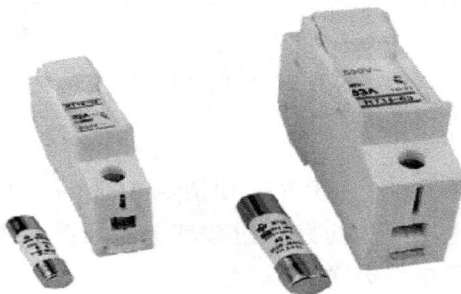

图 A-11　低压熔断器

熔断器的选用原则如下。

（1）熔断器类型的选择：根据被保护线路的需求、使用场合及安装条件选择适当的熔断器类型。例如，保护晶闸管要选择快速熔断器；保护机床控制线路要选择螺旋熔断器或有填料的 RT 系列熔断器。

（2）熔断器额定电压的选择：熔断器的额定电压要大于或等于线路的工作电压。

（3）熔断器额定电流的选择：熔断器的额定电流与熔体的额定电流不同，某一额定电流等级的熔断器可以装入几个不同额定电流的熔体，因此，选择熔断器作为线路和用电设备的保护时，首先要明确选用熔体的规格，然后再根据熔体去选定熔断器的额定电流。要求熔断器的额定电流必须大于或等于熔体的额定电流。

3．最新住宅设计规范（电气部分）介绍

（1）每套住宅应设电度表。每套住宅的用电负荷标准及电度表规格，不应小于表 A-1 中的规定。

表 A-1　用电负荷标准及电度表规格

套　　型	用电负荷标准(kW)	电度表规格(A)
一类	2.5	5(20)
二类	2.5	5(20)
三类	4.0	10(40)
四类	4.0	10(40)

（2）住宅供电系统的设计，应符合下列基本安全要求：

① 应采用 TT、TN-C-S 或 TN-S 接地方式，并进行总等电位连接；

② 电气线路应采用符合安全和防火要求的敷设方式配线，导线应采用铜线，每套住宅的进户线截面积不应小于 10 mm²，分支回路截面积不应小于 2.5 mm²。

③ 每套住宅的空调电源插座、电源插座与照明应分路设计；厨房电源插座和卫生间电源插座宜设置独立回路；

④ 除空调电源插座外，其他电源插座电路应设置漏电保护装置；

⑤ 每套住宅应设置电源总断路器，并应采用可同时断开相线和中性线的开关电器；

⑥ 设洗浴设备的卫生间应做等电位连接；

⑦ 每幢住宅的总电源进线断路器，应具有漏电保护功能。

（3）住宅的公共部位应设人工照明，除高层住宅的电梯厅和应急照明外，均应采用节能自熄开关。

（4）电源插座的数量，不应少于表 A-2 中的规定。

表 A-2　电源插座的设置数量

部　　　位	设　置　数　量
卧室、厨房	一个单相三线和一个单相二线的插座两组
起居室（厅）	一个单相三线和一个单相二线的插座三组
卫生间	防溅水型一个单相三线、一个单相二线和组合插座一组
布置洗衣机、冰箱、排气机械和空调器等处	专用单相三线插座各一个

（5）有线电视系统的线路应预埋到住宅内，并应满足有线电视网的要求。一类住宅每套设一个终端插座，其他类住宅每套设两个。

（6）电话通信线路应预埋管线到住宅内。一类和二类住宅每套设一个电话终端出线口，三类和四类住宅每套设两个。

（7）每套住宅宜预留门铃管路。高层和中高层住宅宜设楼宇对讲系统。

（8）综合设计。

① 住宅的建筑设计，应满足建筑设备和系统的功能有效、运行安全、维修方便等基本要求。

② 建筑设备管线的设计，应相对集中、布置紧凑、合理占用空间，宜为住户进行装修留有灵活性。每套住宅宜集中设置布线箱，并对有线电视、通信、网络、安全监控等线路集中布线。

③ 厨房、卫生间和其他建筑设备及管线较多的部位，应进行详细的综合设计。采

暖散热器、电源插座、有线电视终端插座和电话终端出线口等，应与室内设施和家具综合布置。

④ 公共功能的管道，包括采暖供回水总立管、给水总立管、雨水立管、消防立管和电气立管等，不宜布置在住宅套内。公共功能管道的阀门和需要经常操作的部件，应设在公用部位。

⑤ 应合理确定各种计量仪表的设置位置，以满足能源计量和物业管理要求。

参 考 文 献

[1] 张晓艳. 室内电气线路安装. 北京：机械工业出版社，2010.

[2] 杨清德，先力. 家装电工技能直通车. 北京：电子工业出版社，2012.

[3] 刘文利. 厨卫家电使用与维修. 北京：中国劳动社会保障出版社，2008.

[4] 李梅芳，王宏玉. 建筑供电与照明工程. 北京：电子工业出版社，2010.

[5] 孙克军. 电工手册. 北京：化学工业出版社，2009.

[6] 邵展图. 电工基础（第四版）. 北京：中国劳动社会保障出版社，2007.

[7] 许顺隆，陈虹宇. 轻松学电气识图. 北京：中国电力出版社，2008.

[8] 陆文华. 建筑电气识图教材（第二版）. 上海：上海科学技术出版社，2008.